The Unique World

方
寸

方寸之间　别有天地

〔美〕桑德拉·纳普 —— 著
Sandra Knapp

群

芳

FLORA

植物王国的艺术
与探险

顾有容 —— 译

AN ARTISTIC VOYAGE THROUGH THE WORLD OF PLANTS

社会科学文献出版社
SOCIAL SCIENCES ACADEMIC PRESS (CHINA)

目 录

序

自人类在地球上诞生起，森林、草原和湿地中像繁星一样闪耀的花朵就吸引着人们，激发着人们的好奇心和想象力。人类创作的最古老的图像中就包括花朵的艺术呈现。几个世纪来，我们一直在研究和描绘它们美丽的特征，被它们的神秘吸引，被它们的象征意义打动，对它们的美丽充满热情。自然而然地，我们也会栽培花卉，近距离感受它们的芬芳、美丽、优雅，以及异国情调。因此，园艺（观赏植物的栽培）已成为最重要的农业分支之一，也是全球贸易的主要组成部分。

在本书中，桑德拉·纳普博士利用伦敦自然博物馆丰富的馆藏，展示了20类园艺植物，它们从世界各地来到我们的花园和温室中。数百年来，一批最优秀的植物画家为这些植物创作了丰富而精美的作品，我们借之加深了对植物的理解和欣赏。现代信息的精华和迷人的科学解释常常以出人意料和令人愉悦的方式补充绘画本身传达的信息。在全球寻找前所未见的独特植物能带来猎获的兴奋感，从而赋予了植物探索和收藏新的意义。

现代植物育种，包括人工选择和杂交，是在近200年内发展起来的。但在几千年的过程中，人们一直在选择具有优越特性的植物个体进行繁殖和栽培。本书讲述了引人入胜但鲜为人知的故事，介绍了我们今天欣赏的优良花卉品种是如何通过育种过程，以及针对每种植物开发的最佳栽培方法而产生的。最受欢迎的花园植物的遗传改良正在迅速进行，每年都会推出许多新品种。因此，描绘园艺花卉的插图，通常是历史上某个特定时间、某种植物育种和改良状态的宝贵记录。

今天，人口激增、对消费品增长的世界性需求以及往往并不适当的技术密集使用，都威胁着许多开花植物物种的持续存在。许多新的植物物种可能还没被发现，就面临完全从自然界消失的风险。为了了解和保护它们，继续探索至关重要，尤其是在那些世界上最不为人知的地区。安第斯山脉和亚马孙、东南亚的湿润森林、新几内亚和许多其他地区拥有大量物种，等待着我们发现、描述和绘图。在最糟糕的情况下，到 21 世纪末，现存所有植物、动物、真菌和微生物中多达三分之二的物种可能会消失，除非我们有效地干预……而且动作要快。作为本书中令人惊叹的图像的来源，伦敦自然博物馆两百多年来一直为我们提供着关于这些植物和许多其他生物的宝贵知识，今日如此，未来亦然。

彼得·H. 雷文和帕特里夏·D. 雷文
密苏里植物园，密苏里州圣路易斯，美国

前　言

20 世纪 90 年代中期，当我第一次看到格奥尔格·狄奥尼修斯·埃雷特
（Georg Dionysius Ehret）绘在羊皮纸上的荷花木兰（*Magnolia grandiflora*）
时，写作本书的种子就埋在了我的心里。当时我刚从密西西比州来到伦敦，
老南方（指美国南北战争前的南方州）种植园门口的路边成排地种着荷花木
兰，所以我对实物非常熟悉——但这幅画的光辉和美丽简直让我屏住了呼吸。
那是在伦敦自然博物馆举办的一次早餐会上，馆藏的一些珍品被展示给潜在
的捐赠者。博物馆里有很多宝藏，而展厅的空间有限，很多藏品平时都不会
陈列出来，所以我们很高兴能有机会与朋友分享它们。那时我刚来博物馆，
还不了解馆里的植物艺术收藏有多丰富——它们的深度和广度真是令人惊讶。
于是我想，相比于那些在特殊日子或展览期间走进博物馆大门的人，社会上
喜欢植物艺术的朋友要多得多。如何能与更多的人分享这些馆藏宝藏呢？

此外，作为一名科学家，我还想展示自己所欣赏的视觉艺术和所实践的
科学之间的联系——有人可能会说，这能有多大关系呢？作为艺术，植物艺
术是特别的：它起初用来描绘那些用言语难以描述的事物；它是相机出现之
前的"摄影术"。如今，我去野外采集植物时，会带上相机记录我所看到的，
尤其是花朵和果实的细节特写。但当约瑟夫·班克斯（Joseph Banks）乘坐
库克船长的"奋进"号帆船（HMS Endeavour）去探索未知世界时，相机还

没有发明出来——他带了悉尼·帕金森（Sydney Parkinson）去记录他们的所见所得。对我来说，植物艺术与探索有着牢不可破的联系，不仅是对未知地方的探索，还有对形态学的探索：植物如何在视觉上呈现它们惊人的细节和多样性。

在这本书中，我试图在围绕一种植物的诸多线索中选择一部分来探索这种联系并讲述植物及其被发现过程中的一些故事。这意味着我放弃了很多故事，而且还有更多的故事有待发现或挖掘。

这本书不会教读者如何识别植物，不会讲述植物学历史的来龙去脉，也不会成为关于植物艺术和花卉绘画的完整论文。它是以几个世纪来绘制的植物画作为载体，穿越我所研究的植物分类学的历史的一次旅行。这些图像只是伦敦自然历史博物馆艺术收藏的冰山一角。我们选择植物的原则是，馆藏中有该类植物的很多画作；并且对于所选的植物，绘画展示了收藏本身的多样性。在创意和图像方面，本书兼容并蓄，没有一定之规。

桑德拉·纳普

引 言

　　伦敦自然博物馆的入口，有两座塔楼和拱形门廊，就像一座大教堂，庄严而宏伟。这种相似性并非仅此一处，游客穿过拱形门廊后就进入了一个巨大的、类似大教堂的空间——中央大厅，或称索引博物馆。阿尔弗雷德·沃特豪斯（Alfred Waterhouse）在建筑内外的陶瓦表面上所做的复杂装饰，以及他在建筑设计中对壮观感的把握，使这座在 19 世纪末作为自然博物馆而专门建造的建筑，成为大自然恢宏和精微的体现。但博物馆远不只是可爱的建筑或迷人的展品：在美妙的外表背后，是为国家和一代又一代研究地球多样性的科学家托管的收藏。

　　汉斯·斯隆（Hans Sloane）爵士，一位杰出的伦敦医生，在 17 世纪末和 18 世纪初积累了自然博物馆馆藏的核心。1753 年，他将他的私人收藏遗赠给国家，并规定要创建一个国家博物馆来收藏它，这就是大英博物馆诞生的原因。他广泛的自然收藏成为"博物学部"，即今天的自然博物馆的前身。现在伦敦自然博物馆是一个独立的机构，经过几个世纪的发展，收藏了大约 8000 万件动植物和矿物标本与化石，是世界上现存最大的自然馆藏之一。馆藏品远不只是存放在橱柜中的物品：要发挥它们真正的价值，必须有人与它们一起工作，不断提高对它们的理解。博物馆是分类学和系统发育学的科学研究中心，这门学科的作用是记录、描述和研究地球上生命的多样性及其起

鹦喙花（*Clianthus puniceus*）的腊叶标本，1796 年由约瑟夫·班克斯和丹尼尔·索兰德（Daniel Solander）在新西兰采集。这是用于命名该物种的类型标本或模式标本。

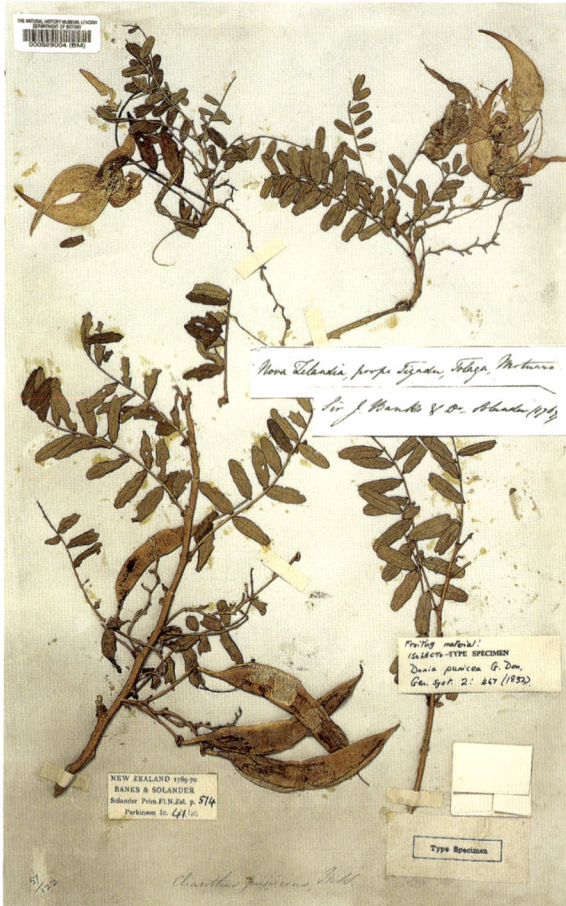

源。自然博物馆的科学贡献不仅仅在于记录我们与之共享地球的生物的身份，还有它们之间的相互关系以及它们是如何生活（或曾经如何生活）的。在博物馆中，对过去、现在和未来的研究都与今天变化的世界联系在一起。浩如烟海的科学标本收藏以及随之产生的文献资源，由博物馆保管、维护和发展，并协助我们理解自身所处的这颗行星。

众所周知，自然博物馆的馆藏中有很多化石和标本，它们有时会在公共展区展出。但鲜为人知的是，馆藏中还有近 50 万件艺术品。这些绘在纸或羊

皮纸上的作品由博物馆的图书馆工作人员进行管理和保护，仅偶尔在特展中展出。这部分馆藏由从 15 世纪至今的素描原稿、水彩画和印刷品组成，包括世界上最全面的植物插图收藏之一。

　　这笔收藏的基础是约瑟夫·班克斯爵士的图书馆，他担任英国皇家学会会长 41 年之久。这个图书馆通过班克斯的图书管理员和策展人（后来成为博物馆植物部门的负责人）罗伯特·布朗（Robert Brown），在 1827 年成为大英博物馆的组成部分（当时伦敦自然博物馆是其一部分）。该馆以及班克斯的博物学收藏（也保存在伦敦自然博物馆中）是 17 世纪和 18 世纪西方社会对自然世界兴趣激增的产物。在那个时代，公众对博物学的兴趣被水手、商人、博物学家和收藏家从贸易和探索航行中带回的故事、文物、植物、动物和矿物所激发。探险家和博物学家远涉重洋，观察到大量新物种，远远超过了他们能带回国的数量。就算采集了标本，它们也经常会腐烂或损坏，而且看起来与在野外看到的活体大不相同。这意味着在整个大发现时期，图像基本上是了解和交流关于欧洲以外自然世界信息的唯一手段。自然艺术，特别是植物插图，对科学家发挥了重要作用，因为在当时，除了一个干燥的标本外，可能没有其他东西能帮他们鉴定和重建整个生物体。时至今日，自然艺术对科学家来说仍然很重要。

8　　　植物插图的存在意义是为了增进人们对科学的理解，为植物学家、医生和园艺师提供物种鉴定上的帮助。许多画作中，对美的表达总是让位于可以发展对植物整体认知的植物自身关键特征的捕捉，在鉴定植物时，完整的文字描述是必不可少的（植物命名法规规定，发表新物种时也必须进行描述），并且，当描述与准确的插图相结合时，提供的信息就具备了更高的价值。18 世纪在伦敦工作的博物学家和艺术家乔治·爱德华兹曾说："艺术和自然，就像两个姐妹，应该始终手携手，这样它们就可以互相扶持和协助对方"（Edwards, G. 1743. *A Natural History of Uncommon Birds* part 1，xiv·xv）。

植物的画像在最古老的文明中就存在了，通常用于装饰陶器、画在墙上或雕刻在石头上。然而，直到古希腊时期，人们才首次绘制了插图，用于对具有经济和药用价值的植物进行分类，这就是最早的本草书。现存最古老的插图植物学作品是迪奥斯科里德斯（Dioscorides）的《药物志》（*De Materia Medica*），由克拉特乌斯（Krateuas）绘制插图，两人都是公元 1 世纪希腊的医生。他们作品的最早副本可追溯至 6 世纪，今天被称为《维也纳抄本》（*Codex Vindobonensis*）。该抄本中包含了 400 幅相当呆板和不自然的插图，它们在接下来的十几个世纪中一直被手工复制，用在欧洲的诸多本草书中。

在 15 世纪下半叶，受到人文学科研究的影响，文艺复兴时期的艺术家开始以更写实的细节描绘自然。列奥纳多·达·芬奇就是这样一位受自然世界启发的艺术家，他在《大西洋抄本》（*Codex Atlanticus*）中写道自己创作了"许多根据自然中的形态描绘的花朵"，并描绘了植物开花的各个阶段。他绘制的关于树木构造的详细图画显示了他对植物解剖的深刻了解，并在数百年前就预测了具有里程碑意义的 20 世纪树木结构和发育理论。

　　当文艺复兴时期的欧洲艺术家们在描绘植物的技法和表现力上取得了巨大进步时，本草书中的植物画（用木刻版复制）仍然相当粗糙和不够优雅。制作能复制多份插图的优质底版在技术上非常困难，且成本极高。转折点出现在 16 世纪的德国，分别是 1530 年奥托·布伦费尔斯（Otto Brunfels）的《植物活体图集》（*Herbarum Vivae Eicones*）和 1542 年莱昂哈德·福克斯（Leonhard Fuchs）的本草书《植物志注》（*De Historia Stirpium Commentarii Insignes*），它们的插图是根据对活体植物的直接观察绘制的，比之前所有照着旧木刻版复制的作品都好得多，并成为未来 100 年本草书插图的标准。这两位作者都影响了后来的艺术家，包括风趣幽默的克里斯皮安·范·德·帕斯（Crispian van de Passe）。像迪奥斯科里德斯的《药物志》一样，这两本书里的插图也常被其他艺术家复制，并用于他们自己的作品。它们依然使用木版印刷，这是一种在 14 世纪末引入欧洲的印刷方法。即使在 15 世纪中叶发明了金属版雕刻之后，木版印刷仍继续使用了 150 年至 200 年，最终随着本草学的式微而被放弃。到了这个时期，人们对植物学的兴趣不再局限于对药用和经济植物的研究，而是扩展到了整个自然界，

9

纽伦堡的迪茨施（Dietzsch）家族在植物画中经常使用黑色背景，正如这幅圣母百合（*Lilium candidum*）。J.C. 迪茨施绘制，约1750 年。

将植物作为独立的存在，而非仅作为可用的资源来研究。欧洲人随着因殖民扩张带来的贸易增长而变得更富有，对植物作为异国情调和观赏物的兴趣发展起来，给人带来兴奋和愉悦感的植物越来越多地被栽培。美丽或奇特的植物变得和那些服务于经济目的的植物一样重要。荷兰和英国在航海方面的进步，以及由此在 16 世纪兴起的探索，为全球贸易机制奠定了基石。正是通过这个贸易机制，新发现的外来植物以前所未有的速度被引入欧洲的园林。这不仅催生了荷兰和法国的花卉画派，而且为植物科学本身的重大发展提供了材料。科学家们需要描述和分类的物种数量庞大，但在古典权威的标准纲要中却无法找到参考。一切都是新的。为了拓展科学的边界并将工作向前推进，

植物艺术常常是装饰性的，例如这幅由 M.S. 梅里安在 1680 年绘制的重瓣银莲花（double anemones）、贝母(fritillarias) 和郁金香花束的画作。

迫切需要能够普遍应用的新方法和分类标准，植物插图变得比以往任何时候都重要。因此，艺术本身为了满足科学家的需求而发展，观察和描绘自然的新方式也随之出现。

到了 18 世纪，因为越来越多的植物被发现，通过插图进行知识交流变得和通过文本进行交流一样重要。马克·凯茨比（Mark Catesby），18 世纪初最成功的博物学书籍之一的作者，认为"如何阐释自然，对于完全理解它至关重要。我可以说，再准确的文字描述，如果没有配色正确的图像，也无法形成关于动物和植物的清晰概念"（Catesby, M. 1730. *The Natural History of Carolina, Florida and the Bahama Islands*，vi-vii）。

　　随着本草学的衰落和对植物作为美丽事物的兴趣日益增长，一种被称为"群芳谱"（florilegium）的出版物开始流行起来。富人在植物园和私人花园里栽培外来植物，并且委托艺术家绘制他们的植物收藏品。巴塞尔·贝斯勒（Basil Besler）在1613年制作了《艾希施塔特花园》（*Hortus Eystettensis*），收录了来自德国艾希施塔特采邑主教花园的367幅植物版画。这批版画中有许多新近从东方引进的植物，是亚洲植物在欧洲栽培的最早一批图像记录。这一时期的其他艺术家则开始描绘昆虫和鸟类以及它们取食的植物，展示了对自然更全面的视角。玛利亚·西比拉·梅里安（Maria Sibylla Merian）在1705年出版了一本名为《蜕变》（*Metamorphosis*）的精美书籍。梅里安是当时众多杰出的女性艺术家之一，对植物艺术做出了重要贡献。所有这些早期的植物艺术家都根据活生生的植物作画，并努力尽可能真实地再现植物自身，无论是版画还是绘画。

　　随着已知植物数量的增加，对新物种的分类和命名变得越来越混乱，为之带来秩序的是瑞典植物学家和医生卡罗卢斯（或卡尔）·林奈〔Carolus (or Carl) Linnaeus〕。1737年，林奈在《自然系统》（*Systema Naturae*）一书中向读者介绍了一种基于植物的性器官，也就是花部器官的数量的植物分类方法。这一变革立即在植物艺术界产生了反响，催生了在书页上描绘植物的新风格。林奈的性系统简单、巧妙，而且是数量性状。一朵花中的雄蕊和雌蕊，这些"用于结果"的器官的数量和排列方式，对于植物分类能起到决定性的作用。插图通过详细描绘这些器官及其结构，成为确定植物身份的一种手段。这种新的植物插图风格非常重要，对许多人来说，插图本身被认为是传授和交换知识的一种手段。约瑟夫·班克斯爵士在赞扬艺术家弗朗茨·鲍尔（Franz Bauer）时说："植物学家关于他所描绘的植物结构可能会提出的每一个问题，（鲍尔所绘制的）图像都能够自行回答……因此，我们不再需要别的了！"（Banks, J. 1796. *Delineation of Exotick Plants Cultivated in the Royal Botanic Garden at Kew*, ii-iii）

科学变得更加有序的过程，对植物艺术产生了巨大影响，林奈风格绘图最伟大的代表是格奥尔格·狄奥尼修斯·埃雷特。埃雷特出生于德国，于18世纪中叶定居在伦敦。在伦敦是植物艺术中心的时代，他成为其所在领域最杰出的艺术家。赋予他如此影响力的是他精深的植物学知识、出色的绘图技巧和对如何在页面上排布主体的出色构图眼光。这不仅体现在羊皮纸上的精美成品中，也体现在他的草图中，这些草图揭示了他对形态学和植物类型的深刻理解。在埃雷特的影响下，一大批植物艺术家成长起来，包括彼得·布朗（Peter Brown）、西蒙·泰勒（Simon Taylor）、威廉·金（William King）和年轻的悉尼·帕金森。

林奈风格的绘图要求对植物进行更准确、更写实的描绘，但这些艺术家设法在他们的作品中带来一种新形式的美，扩大了绘画所使用的材料和媒介的范围。许多人在羊皮纸上作画，使用了一系列的水墨、水彩和水粉（不透明水彩）技法，还用上了阿拉伯树胶，以赋予作品更大的丰富度和深度。新的样式和技法不断涌现，并受到整个欧洲的欢迎。其中一种技法是纽伦堡迪茨施家族的最爱，他们在黑色或深棕色背景上用不透明色彩描绘植物主体。荷兰学派一直在培养花卉画家，但也有一些人更为偏向植物学，包括M.J.巴比尔斯（M.J. Barbiers）、文森特（Vincent）和扬·凡·德文（Jan van der Vinne）、D.J.H.约斯滕（D.J.H. Joosten）和杰拉德·凡·斯潘登克（Gerard van Spaendonck）。斯潘登克大约在1770年前往巴黎，在凡尔赛的国王花园为路易十五工作。他成为国王御用的微图画家，晚年教授了最著名的花卉画家、出生于比利时的皮埃尔-约瑟夫·雷杜德（Pierre·Joseph Redouté）。

在18世纪中叶，德国（尤其是纽伦堡）有很多植物艺术家能绘制非常高质量的植物插图，数量上仅次于伦敦。许多德国人前往英格兰，其中一些人在那里定居，一些人在数年后返回祖国。这些德裔艺术家中包括格特鲁德·梅茨（Gertrude Metz）和约翰·米勒（Johann Miller），以及米勒的两个儿子约翰（John）和詹姆斯（James）。米勒兄弟，以及弗雷德里克·波利多

11

尔·诺德（Frederick Polydore Nodder）和约翰·克莱夫利（John Cleveley）等一群艺术家，都参与了完成悉尼·帕金森的画作，这些画作是由搭乘"奋进"号与库克船长完成第一次环球航行的约瑟夫·班克斯爵士带回来的。

到了 18 世纪中叶，欧洲的花园里充满了来自世界各地的植物。这些花园的主人往往渴望在最喜欢的植物盛开时留住它们的形象。很多人委托艺术家记录自家花园或温室中的植物之美，比如著名的贵格会医生约翰·福瑟吉尔（John Fothergill）。他拥有英国当时最大的私人植物园，位于埃塞克斯的阿普顿。班克斯在手稿中写道："为了让科学在他栽培的植物死亡时不会遭受损失，他慷慨地雇用了国内最好的艺术家，来绘制这些植物最完美时的形象。他收集的植物实在太多了，以至于必须雇用多位艺术家。"需要艺术家的不仅有探险家、植物学家和富裕的花园主人，苗圃主也会委托艺术家绘制他们出售的植物。17 世纪荷兰的许多郁金香画作实际上就是出售球茎的广告。

12　　伟大植物艺术家的黄金时代，可以说是以弗朗茨·鲍尔和费迪南德·鲍尔（Ferdinand Bauer）兄弟为高潮的。这对生于奥地利的兄弟拥有卓越的艺术技巧，将植物艺术提升到了近乎完美的境界。他们的作品是所有植物插图中科学上最准确、艺术上最复杂的。在这些作品中，他们真正捕捉到了生物的本质。在后来成为皇家植物园的邱园，弗朗茨·鲍尔与日益壮大的植物学家团队合作，完成了一系列纤毫毕现的显微绘画作品，这些成果堪称无与伦比。他的画作不仅令人惊叹，还为我们留下了当时栽培的植物的概貌。费迪南德最好的作品描绘了澳大利亚的植物，其水准不逊于备受尊敬和赞誉的花卉画家雷杜德的作品。费迪南德对花朵细节，尤其是花粉粒的描绘，是首次呈现如此精微的解剖细节。这一系列作品是他与"调查者"号（Investigator）上的植物学家、后来的大英博物馆植物部门负责人罗伯特·布朗合作完成的。像这样的复杂细节现在已成为通用标准，但在当时，它对植物分类学至关重要的意义才刚刚体现出来。费迪南德的精确图像肯定有助于说服植物学界，布朗对花粉的强调是有价值的。[①]

费迪南德·鲍尔使用的数值颜色编码系统（由兄弟俩共同发明）包含 140 种颜色，每一种都用一个数字表示。这使他能够在野外快速准确地进行素描，而且在时隔多年以后还能再以照片一般的准确性为画作上色。

当悉尼·帕金森和费迪南德·鲍尔环游世界寻找植物进行插图绘制时，其他一些没那么有艺术天赋的人，由于被派驻国外工作，而委托当地艺术家绘制当地植物的图像。这种情况在印度和中国尤为常见。到了 18 世纪末，英国东印度公司在印度的几个邦和中国的广州建立了强大的基地。在印度，公司在加尔各答、马德拉斯和西北省的萨哈伦普尔建立了植物园，主要是为了栽培有药用价值的植物。在每个植物园中，公司都任命了一名外科医生或植物学家作为主管，其中许多人认识到有必要记录园中生长的植物，并雇用了接受过莫卧儿艺术流派（一种来自今天印度北部和巴基斯坦的土生土长的独特艺术风格）训练的当地艺术家绘画。这些未具名的艺术家大都接受了欧洲绘画风格的再培训，但在许多图像中，莫卧儿的影响清晰可见。

在中国也有类似的体制。19 世纪初，在广州和澳门，东印度公司的验茶师约翰·里夫斯（John Reeves）主要负责收集由当地艺术家绘制的中国本地动植物图像。同样，他委托的许多画作中都明显可见中国艺术的独特风格。本书展示的一些画作甚至记录了植物的粤语俗名，在构图上几乎像中国画一样。里夫斯委托的画作被很多机构收藏，其中最著名的是伦敦自然博物馆和皇家园艺学会。

从 19 世纪到 20 世纪，艺术家们一直在绘制植物插图，但植物画在维多利亚时期逐渐转变为更具装饰性的艺术形式。随着摄影技术的发展，插图不再是以科学目的描绘植物的主要方法了。

13

---

① 罗伯特·布朗正是通过观察花粉在水面的无规律运动发现并命名了布朗运动。——译者注（本书页下注均为译者注，后文不再标示）

19 世纪末，在牛津大学工作的植物学家亚瑟·哈里·丘奇（Arthur Harry Church）为他的书《开花机制的类型》（*Types of Floral Mechanism*，1908）制作了一系列插图。这些图像充满活力、扣人心弦，他对细节有着强迫症一般的关注，令人心生敬畏。其他 20 世纪初的艺术家中，莉莲·斯内林（Lillian Snelling）是一位佼佼者；还有弗兰克·朗德（Frank Round），他是一名学校教师，为 N.C. 罗斯柴尔德和 W.R. 戴克斯绘制了大量鸢尾花的图像。

植物艺术的历史与探索的历史交织在一起，如果没有探索和发现，这些植物就永远不会被带到艺术家的面前。植物探索有许多面貌，从由国家赞助的伟大发现之旅（如"奋进"号或"调查者"号前往澳大利亚的航行），到由皇家园艺学会成员资助的寻找花园新奇事物的探险，再到如今由个别植物学家进行的更小规模、更个人化的旅行。无论规模大小，所有这些旅行都有一个共同点——发现所带来的兴奋感。不仅是新物种或新地点的发现，还有更多关于人类自身在自然图景中位置的发现。你发现得越多，就越意识到自己所知甚少，这个旅程没有尽头。科学本身就是一种探险，开辟着具有无穷多样性的知识前沿。

　　如今，植物插图越来越流行，越来越多的艺术家对之抱以越来越多的欣赏。他们开始尝试描绘植物生命的各个方面。新技术不断被摸索出来，俄罗斯当代艺术家奥尔加·马克鲁申科（Olga Makrushenko）绘制的木兰就是一个好例子。她在绘画中使用了很多现代技法，同时设法保留了植物插图的传统理念。

　　在《群芳》中呈现的插图都复制自伦敦自然博物馆植物学图书馆的原始艺术品收藏，只有少数是手工上色的版画。这些作品跨越了四个世纪，从 17世纪初到 20 世纪末，代表了植物艺术家在这段时期所使用的诸多风格、技法和媒介。一些插图以前在其他关于艺术或植物学的书籍中出现过，但我们希望通过将它们按照植物学的方式组织在一起，能够从不同的角度展示艺术与科学之间的联系。

　　这些缤纷多彩的插图，作为伦敦自然博物馆馆藏的样本，精美地展示了几个世纪来的艺术家如何成功地将他们准确的科学观察与卓越的艺术技巧融合，创作出地球上生物多样性的持久图像。

桑德拉·纳普和朱迪思·马吉

南　星

我宣布巨魔芋（*Amorphophallus titanum*）为布朗克斯区的区花，因为它的巨大尺寸象征着纽约市最大且经济增长最快的区。固然有很多花闻起来更香，但没有一种花像巨魔芋这样大且独特。

——纽约布朗克斯区区长，1939 年

"古怪"并不是一个人们会自然而然地想到用来形容植物的词，但对于南星（aroid）来说，这个词似乎恰到好处。但什么是南星呢？我们都知道什么是百合或玫瑰——南星是什么？天南星科（Araceae）的成员通常被称为南星，所以这个术语指的是很多种不同的植物——从蔓绿绒（philodendrons）到臭菘 (skunk cabbages) 到马蹄莲再到芋头。尽管它们在形态上非常不同，但所有的南星都有一个共同的"花"结构。天南星科植物的"花"实际上并不是真正的花，而是一个花序，是一组花。所有天南星科植物都有佛焰苞和肉穗花序——一个看似简单，但实际上相当复杂的结构，由一片类似花瓣的叶子（佛焰苞）在基部围绕一根长有花的茎（肉穗）组成。佛焰苞看起来有点像一片奇怪的花瓣，通常颜色鲜艳，功能是吸引传粉者，但实际上它是一片特化的叶子，生于花序（肉穗）的基部。肉穗本身呈棒状，上面有很多肉眼难以看清的花。用手持放大镜就能观察到它们也许并不美丽但十分精致的

彩叶芋（*Caladium bicolor*）五彩缤纷的叶子几乎能令花朵失色。自 18 世纪引入栽培以来，这个物种不仅因其色彩丰富而被选择，而且人们还用它与其他颜色鲜艳的近缘物种杂交，结果造就了彩虹般的多样性。

15

Arum pictum 9¾/₁₀

结构。天南星科植物的花具有奇妙的多样性，不同种类的肉穗花序上，花的排列方式差异极大，因此值得我们做更仔细的观察。

当卡尔·林奈在 1753 年首次使用花的性别来对世界上已知的植物进行分类时，他并没有意识到天南星科植物花序的真相。他将所认识的四个属——疆南星属（*Arum*）、龙莲属（*Dracontium*）、石柑属（*Pothos*）和水芋属（*Calla*）——归类为"雌雄异熟多心皮植物"（Gynandria Polygynia）。林奈遵循了之前的法国植物学家约瑟夫·皮通·德·图内福尔特（Joseph Pitton de Tournefort）的观点，认为天南星科植物的花具有唯一的花瓣。另一位法国植物学家安托万·劳伦特·德·朱西厄（Antoine Laurent de Jussieu），在林奈之后约 30 年才首次识别出天南星科植物的"花"是一个花序，由许多朵雄花和雌花组成。林奈将花序误认为花，导致了他对天南星科植物分类地位的误判，因为他的被子植物分类系统依赖于花朵中雄性和雌性生殖器官（性器官）的排列，而一朵花和一组花的排列方式是截然不同的。在当时，植物进行有性繁殖并有性器官的事实已经广为人知，但将这些特征用于分类，在某种程度上是有争议的。事实上，有同时代的人称林奈为"植物色情作家"，并且认为基于性器官的植物分类系统不适合女性使用。林奈的系统通过雄性和雌性花部器官的数量来分类，比如说，所有具有五个雄蕊和一个心皮（子房）的植物都被归为一类。他还清楚地区分了具有两性花（花朵中同时有雄蕊和雌蕊）和单性花（花朵中只有雄蕊或雌蕊）的植物，而单性花植物又被细分为"住在同一个屋子里"（同一植株上既有雄花也有雌花）和"住在不同的屋子里"（一个植株上只有雄花或只有雌花）这两种情况。今天的植物学家将前者称为单性同株，后者称为雌雄异株。许多南星具有两性花——从同一朵花中产生花粉和种子。这些南星的花朵常常盖满整个肉穗花序，并排列成美丽的几何图案，例如花烛属 ① （*Anthurium*）。通常，这些两性花的雌性部分先成熟

---

① 原文为 *arums*，但我认为这里不是泛指南星。同时，狭义的 *arums* 指疆南星属，但这个属是单性同株的，没有两性花。稳妥起见，这里改为花烛属。

并可以接受外来的花粉，植物学中把这种现象称为"雌蕊先熟"；当这些花的雄蕊开始释放花粉时，雌蕊就已经失去活力了。这意味着这些花只能利用来自另一株植物的花粉完成受精。雌蕊先熟现象促进了异花传粉，从而增加了后代的遗传多样性。生有大量两性花的肉穗花序往往会按一定顺序改变质地，

在 18 世纪，许多天南星科植物都难以鉴定，比如犁头尖（*Typhonium blumei*）。埃雷特没有确认这种植物的身份，他称之为"鼠尾芋"①，一个欧洲物种。但他的素描非常细致，现在很容易识别出这到底是哪种植物。埃雷特可能在菲利普·米勒（Philip Miller）的切尔西药用植物园画了这种植物。米勒在 1760 年出版的插图被认为是犁头尖的第一张图像，但埃雷特的素描可能比它更早。

---

① 原文为 *Arum proboscideum*，因为当时鼠尾芋被分在疆南星属，但后来被修订到了弯棒芋属，所以鼠尾芋的学名应该是 *Arisarum proboscideum*。

最开始，处于可接受花粉状态下的柱头像覆盖着树脂一般闪闪发亮；接下来，大量花粉从微小的花药中释放出来，让花序变得毛茸茸的。这些种类的佛焰苞通常要么与肉穗花序分离，要么浅浅地环抱着后者，但视觉上不会遮挡花朵。

相比之下，单性同株的天南星科植物才算是拥有真正古怪的花序。它们的肉穗花序中，雌花通常生长在基部——几排微小的，通常呈瓶状的子房

17

（对页图）三叶天南星（*Arisaema triphyllum*）能够转换性别。天南星科植物通常既能开雄花也能开雌花，但三叶天南星的年轻植株只开雄花。因为它们太小，储存的养分还不足以支持果实生长。小个体的植株如果结出果实则往往会死亡。这些植物的地上部分每年都会枯死，次年春天再从地下茎重新生长。当块茎积累了足够的储备以供果实发育时，植物就会转换性别并开出雌花。

斑龙芋（*Typhonium venosum*），俗名巫毒百合（voodoo liy）——虽然根本不是百合，而是看起来非常邪恶的天南星科植物——之所以有这个名字，不仅因为它那诡异的深褐色与紫色交织的佛焰苞，还因为它具有神奇的生长能力。把它的块茎摆在盘子上，不用任何土壤或水就能开花，就像是被施了邪恶魔法的咒语一样。斑龙芋有时也被独立成属，即斑龙芋属（*Sauromatum*）。

环绕在花序轴的底部。雄花中只有几枚花药，环状排列在雌花的上方。不同种类的肉穗花序所具有的雌花和雄花的数量变化极大，从各有一两朵到成千上万朵。雌花和雄花的生长区域通常由一圈不育花分隔开来，它们没有雌雄蕊，只有未发育的残迹。与两性花的天南星科植物（花朵通常盖满肉穗花序）不同，这些单性的花朵并不覆盖肉穗花序的整个表面，花序的末端部分是没有花的，而且会变成千奇百怪的形状，看起来简直拥有无限可能：有些很小，隐藏在佛焰苞内；有些个头巨大且形似真菌；还有一些则被拉长成奇特的鞭状结构，长度有时超过 1 米。天南星科的这种不育结构在开花植物中是绝无仅有的，植物学家称之为"附属体"（appendices），并给这类植物起了一些形象的学名——例如 *Amorphophallus*（魔芋属）意为"畸形的阳具"，*Anthurium*（花烛属）意为"尾巴花"。肉穗形态所激发的性意象是不可避免的，根据你的敏感程度，它会引起窃笑或恐惧，这体现在很多天南星科植物的俗名中。欧洲分布最北的天南星科植物，斑点疆南星（*Arum maculatum*），通常被称为 cuckoopint①（源自盎格鲁 - 撒克逊语根，cucu 意为"活泼"，pintle 是许多表示"阴茎"的词之一）。附属体的功能并不是引人发笑或感到极度尴尬，它与佛焰苞一起，在把传粉者吸引到这些不寻常花朵的过程中扮演着重要角色。

19

　　许多天南星科植物具有棕色和绿色的佛焰苞，让人很难想象这个样子也能吸引传粉者。当然，这完全取决于传粉者是谁。开单性花的天南星科植物的佛焰苞不仅颜色奇怪（至少对人类的眼睛来说），而且还有着令人迷惑的各种形状。有些是硕大的花瓶状，松散地托着肉穗花序；有些有平展而粗糙的檐部，"像猪耳朵"；还有很多在开花区域上方收缩，形成了一个腔体。这个腔体的入口有时紧贴着肉穗，有时则由一个像单向阀门一样的瓣膜封闭起来。如果植物"想要"的是吸引传粉者到花朵中，以便将一株植物的花粉传到另

① 这个词不宜直译。斑点疆南星还有一些诸如"亚当与夏娃"（Adam and Eve）、"公牛与母牛"（cows and bulls）之类的俗名，指的是它的肉穗花序形似阴茎，而佛焰苞形似女性外阴。

一株上，这样的结构似乎适得其反。但实际上，天南星科植物难以置信的花序结构正是确保传粉成功的方式。在花的世界中，天南星科植物是臭名昭著的骗子，诱骗昆虫访问它们的花朵并搬运花粉，而且不给任何回报。

白星芋（*Helicodiceros muscivorus*），俗称死马芋（dead horse arum），仅分布在地中海沿岸的几处岩石悬崖上，那里是海鸟繁殖的地方。它的花序长得吓人，当然你也可以觉得惊艳。有人这么形容它："像是别西卜（Beelzebub，圣经中的恶魔）会摘来做成花束献给他岳母的那种东西，不健康的绿色、紫色和苍白的粉红色混合在一起，像是腐烂化脓的肝脏。"相比外观，真正让人头昏脑胀的是它的气味——就像一匹死马（它的俗名就是由此而来）。佛焰苞的整个上表面和肉穗花序的附属体都覆盖着浓密的毛。整个花序非常大，将近 50 厘米长，有些人将其比作"一整张动物的皮，包括尾巴和肛门"。

白星芋由食腐蝇类授粉，这些苍蝇在腐烂的尸体上产卵，幼虫食用腐肉成长。白星芋在海鸟繁殖季节的高峰期开花，它必须与死亡腐烂的雏鸟以及被丢弃或未被消化的鱼争夺蝇类的关注。佛焰苞和肉穗花序既有恶臭也有腐肉的外观，什么苍蝇能受得了这种诱惑！于是它们纷纷从佛焰苞的收缩处挤过，进入生有花朵的腔体。由于佛焰苞内壁生有指向下方的刚毛，苍蝇们不能向上，只能向下，爬过尚未开放的雄花，到达基部的雌花区域。如果它们携带了另一株白星芋的花粉，就能给正在开放的雌花授粉。苍蝇会被困在腔体里两到三天，并在其中产卵。由于这里并没有真正的腐肉，幼虫孵出来之后就会饿死。当雌花完成授粉、柱头失去活力时，雄花才开始释放花粉，同时佛焰苞颈部的刚毛会枯萎——苍蝇终于可以出来了。它们向上爬过雄花，带着浑身的花粉飞出花序。苍蝇并不会吸取教训，出来之后往往会飞向另一株白星芋，于是一场残酷的欺骗再次上演，植物从而得到了非常有效的异花传粉。

有些天南星科植物不仅气味难闻，还会"调节体温"（提高自身的温度以确保气味传播得又远又广）。白星芋不需要太明显地做广告，因为海鸟群落

20

中有很多食腐蝇类，但是那些在热带雨林下层单独生长，远离其他同类的南星呢？为了吸引传粉者，这些植物必须让强烈的气味传播得更远。伟大的法国博物学家让·拉马克（Jean Lamarck）在 18 世纪注意到，天南星科植物的花序能产生热量，开花时可以比周围环境更热，触摸它们能感到明显的温暖。热量来自肉穗花序中由水杨酸介导的呼吸作用。众所周知，水杨酸是阿司匹林的主要成分。它是一种植物激素，既促进产生热量，也促进产生气味。天南星科植物的恶臭气味通常来自粪臭素和吲哚，但是能产热的并不只有臭的花序。人们发现，原产巴西的春羽（*Thaumatophyllum bipinnatifidum*）① 能将其肉穗花序的温度提高到令人难以置信的 46℃，并且即使被放入冰箱冷藏室里也能保持这么高的温度。高温使强烈的芬芳气味挥发出来，吸引着来自四面八方的金龟子。在产热过程中，肉穗花序的氧气消耗量接近飞行中的蜂鸟，从这个意义上来说，"植物没有行为能力"的说法在天南星科中是不成立的。

除非亲眼见到（以及亲自闻到），恐怕很少有人会相信世界上有巨魔芋这样的花。18 世纪在东南亚探险的意大利博物学家奥多亚多·贝卡里（Odoardo Beccari）描述了一种巨大的花序，大到"得把它绑在一根长杆上，由两个人扛在肩上抬出来"。他受到了一定程度的怀疑，即使是植物学家也难以置信。当时邱园的园长约瑟夫·胡克（Joseph Hooker）爵士，只有在第二位（还必须得是英国的）博物学家确认后，才相信这个传说。贝卡里把巨魔芋的种子带回欧洲，这些种子萌发了，并最终于 1889 年首次在人工栽培条件下开花。太轰动了！不仅肉穗花序巨大——高达 2~3.5 米——而且肉质的、看起来畸形的黄色附属体散发出非常强烈的恶臭，中人欲呕。有人说这种气味"可能是所有植物中最浓烈和最令人厌恶的气味"。巨魔芋在印度尼西亚的俗名是 bunga bangkai，意思是"尸体花"，大概就是因它的气味而被命名的。当这种植物开花时，气味一波接一波地传来，如果离得太近，你的眼睛会被熏到

① 原文为 *Philodendron*，作者没有写完整的名称，用的名称是春羽的异名 *Philodendron selloum*。

流泪。1996 年，当一株巨魔芋在邱园开花时，化学家分析了气味，发现它含有二甲基二硫和二甲基三硫——这些硫化物也是腐烂鸡蛋气味的成因。气味产生的高峰与开花过程中雌性和雄性花朵的活性时间相吻合，因而能够在野

大多数魔芋属（*Amorphophallus*）的植物很少开花，一旦开花，场面非常壮观。它们每年都会长出一片巨大的叶子，持续数年；但只有在硕大的块茎中积累了足够的储备后才会开花。图中的物种是珠芽魔芋（*Amorphophallus bulbifer*），它能在叶子上产生小块茎，每个小块茎一旦落到地上，就会生出一棵新的小植株。

外的授粉过程中发挥作用，也就是在合适的时间把传粉昆虫吸引过来。巨魔芋的开花不仅有植物学的价值，也是传播热点。在 2002 年一株巨魔芋开花前后的几周内，将近 10 万人参观了加利福尼亚州亨廷顿植物园。这种植物在世界各地的许多植物园都有栽培，所以不难在某个地方找到一株正在开花的植物。巨魔芋已经不仅仅是一种植物——它是一个社会事件。

　　巨魔芋、白星芋和很多其他天南星科植物是陆生的，它们的根牢牢地扎在地里。但天南星科还有一些成员是附生植物，尤其是热带的种类。附生植物贴在其他植物上生长，利用它们作为支撑，以爬到高处获取光线。在热带雨林中，只有远离黑暗地表的树冠层才有足够的阳光。大多数植物的幼苗萌发后会立即朝着光源的方向生长，但有些附生的天南星科植物有不同的应对方式，它们实在是太古怪了！产于热带美洲的龟背竹属（*Monstera*）具有大型的种子，当它们发芽时，会产生一条长长的无色匍匐茎，上面生有细小的鳞片状叶子。这条匍匐茎由种子储备的养分提供能量，向着黑暗生长；而在森林下层，黑暗最有可能来自一棵大树的树干所投下的阴影——这恰好是向上爬的必经之路。当匍匐茎遇到垂直或倾斜的表面时，情况就变了。幼苗表现得有点像个正常的植物了，它长出一对扁平的叶子，用茎上的气生根抓住树干，开始向上寻找光线。在上升途中，龟背竹属植物的叶子紧贴树干，就像绿色的瓦片一样。这种生长方式能有效减少水分的损失，同时还可能把从冠层落下的碎片造成的损害降到最低。一旦到达冠层，充足的光线再次改变了植物的形态·巨大的成年叶子长了出来，带有龟背竹属典型的裂片和孔洞。龟背竹（*Monstera deliciosa*）是常见的室内观赏植物，只要你种过它就会知道，年轻植株的叶子上孔洞更少。[①] 这种植物的学名种加词是"美味"的意思，它的果实可以食用，味道像菠萝和香蕉的混合体。[②]

---

① 原文为"younger leaves usually have fewer holes"，但这个说法是错的。龟背竹叶子上的洞在叶片分化的时候就定型了，不会随着叶子变老而增加。在成年植株上可能看不出来，但在比较年轻的植株上，是越老的叶子孔洞越少。

② 必须完全成熟才能吃，否则会中毒。

有些天南星科植物的果实被人食用，特别是在热带美洲，但真正对人类营养做出贡献的是一些陆生种类的块茎。芋头很可能是世界上最古老的栽培作物，在亚洲的热带和亚热带的部分地区已经种植了超过 1 万年。芋头的块茎蛋白质含量相当高，含有丰富的矿物质、维生素 C，尤其是 B 族维生素。生的芋头含有大量的草酸钙针状晶体〔这种物质在室内观赏植物海芋（*Alocasia odora*）和黛粉芋（*Dieffenbachia seguine*）中也有，会造成严重的口腔刺痛〕，必须烹饪熟透才能食用。在太平洋地区，特别是巴布亚新几内亚和夏威夷，芋头是主食。在这些文化中，芋头不仅是食物，也是当地文化不可分割的一部分。在古代夏威夷人的创世神话中，天空之父和大地之母的长子是一棵芋头，次子是一个人，彼此完全相互依赖。夏威夷最受欢迎的

23

菜肴之一是波伊，一种由磨碎、煮熟的芋头块茎制成的糊状食物。波伊通常由红色的芋头品种制成，因此呈深粉红色。尽管有点黏糊糊的，一开始可能难以下口，但习惯之后非常美味。天南星科还有一种独特的食用植物——沼泽芋头（swamp taro）。它实际上不是芋头，而是曲籽芋属（*Cryptosperma*）

天南星科植物的单独花朵极度简化。它们通常是单性的（只有雄性或雌性），没有清晰可辨的花瓣或萼片；实际上，它们看起来根本不像花。拉尔夫·斯坦内特（Ralph Stennett）详细的解剖图展示了黛粉芋（*Dieffenbachia seguine*）的极简花朵，雌花只是一个带有两粒微小胚珠的子房，雄花则只有花药，花粉聚成线状从中释放出来。

的成员。沼泽芋头被种植在太平洋的珊瑚环礁上，可想而知，在那里种任何东西都非常困难。人们在珊瑚礁上挖坑，在坑里放入装满堆肥的湿篮子，再种上植物。块茎在生长 3—6 年后收获，重量超过 60 千克，因此很难从超过 1 米深的坑中拔出来。更有甚者，一些魔芋属植物的块茎也能食用。在中国和日本，蒟蒻（*konjac*）是真正的美味，这是一种产自魔芋（*Amorphophallus konjac*）块茎的凝胶，可以加工成魔芋丝和魔芋块，用在很多种菜肴和甜品中。魔芋的块茎中含有大量的葡甘露聚糖，从中提取的甘露糖是糖尿病患者食物中的必需成分。

　　想想就刺激，同一个属中有的物种在热带雨林下层散发恶臭，有的物种却在帮忙养活世界上不断增长的人口①。也许南星家族的一些成员乍看或乍闻之下有点令人不悦，但绝对值得你花时间深入了解。天南星科植物的魅力无穷无尽，它们是植物界真正的奇葩。

---

① 甚至可以是同一个物种，魔芋开花就非常臭。

帝王花和佛塔树

> 1770年5月3日，我们的植物收藏已经变得如此庞大，以至于必须采取一些特别的照顾措施，以免它们在标本夹中损坏。
>
> ——约瑟夫·班克斯在"奋进"号上的日记，1770年

想象一下，作为一个英国人，你所习惯的是本土温润柔美的植物景观。当你第一次踏上澳大利亚的土地时，一定感觉像来到了另一个星球。桉树和佛塔树（banksias）组成的森林是完全新奇的，对植物学家和航海家来说都极具吸引力。难怪库克船长会以"植物湾"（Botany Bay）的名字来表彰他船上的科学家们。不过，最早观察澳大利亚动植物的欧洲人并不是库克船长。17世纪末，"疯狂放荡"但极具魅力的海盗威廉·丹皮尔（William Dampier）首次踏上了他称之为新荷兰的土地。他在1679年开始了一次史诗般的环球航行，历时12年，最终收获了丰富的信息。据他观察，"这片土地干燥多沙，除了挖井外几乎没有其他途径找到水源，但仍然生长着各种各样的树木。不过，这里的树林并不茂密，树木也不高大……这些树木我们之前从未见过……我们没有看到任何结有果实或浆果的树"。

丹皮尔不是科学家，但他是自然信息的勤勉记录者，他对世界许多地区动植物的观察无疑是欧洲扩张时代的一个标志。"未知的南方大陆"，一整块

费迪南德·鲍尔在"调查者"号航行期间所绘制的画作中所展现的惊人细节，不仅证明了他的观察力，也证明了科学的进步，因为显微镜使植物学家能够看到微小的结构，如花粉粒或柱头上的褶皱。鲍尔按比例绘制了精细的解剖图，展示了红花佛塔树（*Banksia coccinea*）的花朵是如何复杂地组合在一起的。

25

大陆绵亘在南方的想法激励了像詹姆斯·库克这样的探险家。丹皮尔于1769年在塔希提完成了金星凌日观测后继续向西航行，以确定这块大陆是否真的存在，以及它到底有多大。此前一年，年轻的约瑟夫·班克斯刚刚陪同皇家海军中的一位朋友，从纽芬兰采集植物归来。他是一位充满活力、风度翩翩的绅士，在乡村拥有大量的田产，同时热爱植物学。出于献身植物学的雄心，班克斯原本计划前往瑞典，向当时最伟大的植物学家林奈学习，并追随他心目中的英雄的脚步，去拉普兰做一次采集旅行。出于某种原因，他改变了主意，向海军部自荐，作为随船的绅士科学家[1]，与8名随行人员一起参加前往塔希提观测金星凌日的远航。通过观察金星从日面经过，可以直接测量太阳的视差，这对导航进而对探险有极大的帮助。为了开展这次观测，英国皇家学会向国王乔治三世请愿，结果获得了热情支持和全额资助。[2]

　　班克斯以皇家学会会员推荐的博物学家身份参加了本次航行，但他并不是专业的植物学家。幸运的是，丹尼尔·索兰德（Daniel Solander）加入了。索兰德是林奈的学生，当时居住在伦敦，并在大英博物馆工作。在一次晚宴上，索兰德听到班克斯介绍航行计划，他立刻站起身，自荐随船出航。除了索兰德，班克斯还组织了一个团队，包括两位艺术家、一位索兰德的书记员和四位仆人。班克斯团队的9个人，加上库克船长带领的整个航行和观测团队，都挤在了"奋进"号区区4.3米×7米的船舱里。想想看，人们在这么狭窄的地方吃喝拉撒，周围还有一群闹哄哄的人在没完没了地把植物搬上船、切割压制成标本，甚至还有人在画画！小型封闭空间确实不太适合开展植物标本采集这种工作，因此，在将近三年的航行中没有发生重大争吵，极好地证明了船上的人都是谦谦君子。[3]

---

① 指财务独立，以科研为个人爱好的科学家。班克斯非常富有，每年从地产中收入超过6000英镑，而库克船长的年薪才90英镑。

② 国家批给整个观测计划的经费为4000英镑。

③ 其实水手们对班克斯等人的意见非常大，除了工作方面的时间和空间冲突，主要的原因是收入差距。由此可见库克船长掌控局面的手段之高明。

　　班克斯和索兰德采集的植物标本可不是把一片叶子一朵花夹进书里那么简单，实际上他们尽可能地制作了所遇到的每一种植物的大型腊叶标本。一份标本台纸大约是 A3 纸的大小，固定在上面的标本应该尽可能填满整个空间。采集回来的新鲜植物先要清洁和修整，然后画出素描并记录颜色，接下来要彻底干燥，以便长期保存和后续研究。这实际上是一个复杂的物流问题，既需要合理安排空间，也需要创造力。班克斯使用了当时植物学家常用的方法，远比烧煤油的便携式植物干燥器，或把标本浸泡在甲醛或酒精等固定液中要麻烦得多。按照班克斯自己的说法，他在植物湾是这么处理日益增加的收藏的："所以我这一整天都在干这件事，将所有干燥纸①搬到岸上。总共有

27

————————
① 在标本夹中用于吸干植物水分的纸。

伯切尔帝王花（*Protea burchellii*）是以威廉·J. 伯切尔（William J. Burchell）的名字命名的，他是富勒姆（Fulham）一位苗圃主的儿子，于 19 世纪早期深入南非各地旅行。伯切尔本来有一位未婚妻，但她在前往圣赫勒拿岛的航程中与船长日久生情并订了婚。情场失意的伯切尔将自己的余生奉献给了植物学（对他来说，花朵显然不如女性那么变幻无常）。

将近 200 令纸，其中大部分已经夹满了植物标本。我们把纸铺在帆上，用阳光把它们晒干。为了干燥得更为彻底，需要经常翻动纸页，有时候还得把里面夹着的植物标本也翻个面。"班克斯和索兰德采集的标本现在存放在伦敦自然博物馆的植物标本室中，这是第一批被带回欧洲的关于澳大利亚那令人难以置信的植物群存在的证据。

　　"奋进"号在 1771 年返回后，很多植物学家研究了这批标本，但班克斯并没有写一本书来介绍他在本次航行中卓越的植物学成果。伟大的植物学家卡尔·林奈的儿子，卡尔·林奈·菲利乌斯（Carl Linnaeus Filius），发现班克斯和索兰德采集的四种植物有明显的亲缘关系，并于 1782 年建立了新的属——佛塔树属（*Banksia*）。这个属以班克斯的姓命名，以纪念他对植物学的贡献。林奈·菲利乌斯意识到，佛塔树属与他父亲描述的属——南非的帝王花属（*Protea*）——有一些相似之处，于是将它们归入同一类别，"四雄蕊单雌蕊纲"（Tetrandria Monogynia）。今天，这两个属都属于山龙眼科，这个科主要分布于南半球，具有和智利南洋杉（*Araucaria araucana*）或有袋类动物类似的分布模式。它们的祖先是横跨地球南部的超级大陆——冈瓦纳古大陆（Gondwana land）的居民。大约 1.4 亿年前，这块大陆开始分裂和漂移，最终成为我们今天所认识的南方大陆（南美洲、澳大利亚、南极洲），外加印度和马达加斯加。在上述所有陆地上都发现了山龙眼科植物的化石，为大陆漂移现象提供了有力证据。

　　通过特殊的花部构造，植物学家能够认出山龙眼科的成员，除了佛塔树属和帝王花属，还有它们的近亲，如银桦属（*Grevillea*）、荣桦属（*Hakea*）、筒瓣花属（*Embothrium*）、木百合属（*Leucadendron*）和澳洲坚果属（*Macadamia*）。最后一种由于在夏威夷大量栽培，也被称为夏威夷果，但它其实原产澳大利亚。

　　山龙眼科的"花"实际上不是单个的花，而是花序，也就是一组花。很多朵小花集结在一起，产生的视觉效果不仅吸引人，也吸引传粉动物。帝王花属的花序特别像花，花序下方有鲜艳的苞片，乍看上去就像是花瓣，而花序中的诸多小花看起来像花蕊。因此，帝王花在花卉市场里是作为一朵巨大的花出售的。花序中每朵真正的花非常小，由四个花被片（从结构上无法区分它们是花萼还是花瓣）合生成一个长管，中间有一根细长的雌蕊花柱。每个花被片的内侧都附着一枚产生花粉的花药。开花时，花柱首先伸长，但由于花被片还没有打开，柱头仍然被固定在里面，于是，伸长的花柱从花朵的一侧弓曲起来，逐渐长成一个奇妙的环形。很多朵这样的花在花序中呈螺旋状排列，形成了更加复杂而精妙的结构。当花被片自行张开，或者当传粉者

29

落在花序上导致花被片分开时，花柱弹出并变直，就形成了在佛塔树属和帝王花属中都十分常见的瓶刷状花朵。

　　绝大多数开花植物从花药中直接释放花粉，再借助风力或动物传播。山龙眼科植物也以动物传粉为主，但它们进化出了一种全新的释放花粉的方式——用雌蕊的柱头来展示花粉。花柱生长在子房上方，是供花粉管生长以实现受精的结构；花柱的顶端就是柱头，通常情况下花粉会在柱头的黏性表面上萌发。山龙眼科植物的柱头结构比较特殊，例如，佛塔树属用于接受花粉的器官是柱头上的凹槽，而柱头顶端的凸起则变成了"花粉展示器"。在花被片打开和花柱弹出之前，花粉会附着在这个结构上。在柱头弹出之后，表面的鲜黄色花粉吸引传粉者的注意力。一旦传粉者从花粉展示器上带走了花粉，柱头就产生活性，可以接受来自其他花朵的花粉。这种机制被称为"二次花粉呈现"（secondary pollen presentation），能够在保证传粉精确性的同时，防止自花授粉导致的近亲繁殖。

　　二次花粉呈现这个特征在很多种山龙眼科植物中都存在，这是它们具有较近的亲缘关系，或者说在演化上具有相关性的证据。不过，山龙眼科植物还展现了生物学家感兴趣的另一种进化模式——平行演化[①]。尽管该科分布在所有源自冈瓦纳古陆的陆地上，但以南非和澳大利亚多样性最高，前者的开普地区是帝王花属和木百合属的集中分布地，后者是佛塔树属和银桦属的集中分布地。佛塔树属的所有 76 个物种都只出现在澳大利亚，环绕着整个大陆分布。有 60 种佛塔树生活在澳大利亚的西南部，栖息地环境是冬季降雨、夏季炎热干燥。这种气候类型被称为地中海气候，因为它类似于欧洲南部地中海沿岸的气候。有趣的是，这种气候与南非开普地区的气候状况极为相似，而那里是帝王花属植物种类最为丰富的地区。

南非开普地区的硬叶灌木群落中没有多少大树，但光亮帝王花（*Protea nitida*）的树干可以长到 1 米的直径。对于一个经常被山火焚烧的栖息地来说，这个尺寸相当了不起。布尔定居者用光亮帝王花的木材制作货车轮辋，它的通用南非荷兰语俗名〔"waboom"或"wagon tree"（货车树）〕就是由此而来。它的叶子可以制作墨水，树皮则用于鞣制皮革。

30

---

① 原文为 convergent evolution，即趋同演化，指的是不同源的生物在类似环境下产生相似的构造或适应机制，比如鲸的鳍肢和鱼鳍。但本书中所举山龙眼科的例子都是同源生物的不同分支在相似环境下产生相似的构造或适应机制，应该是平行演化 parallel evolution。

美丽佛塔树（*Banksia speciosa*）由罗伯特·布朗（Robert Brown）命名，他后来成为大英博物馆植物部门的首任负责人。布朗是"调查者"号上的植物学家，在马修·弗林德斯船长（Captain Matthew Flinders）的指挥下，参加了首次环绕澳大利亚大陆的伟大探险。他也是首批见到澳大利亚西南部的奇妙植被的植物学家之一。

佛塔树属和帝王花属在科内的亲缘关系并不是很近，它们是两个不同亚科的成员，来自两个演化谱系。但在远隔重洋的相似的栖息地中，它们演化出了极其相似的生存和繁殖策略。帝王花和佛塔树（以及它们的近亲）不仅在外观上相似，都具有松塔状的花序，而且在环境中也扮演着类似的角色。花序中的花朵产生了丰富的花蜜，深受食蜜鸟类的喜爱。为山龙眼科植物传粉的鸟类，在非洲是太阳鸟（sun birds）和花蜜鸟 (suqar birds)，在澳大利亚则是吸蜜鸟。花蜜是这些鸟类的主要能量来源，它们吸食花蜜时就会把花粉沾得满头满脸都是。

　　由鸟类传粉的植物往往拥有鲜艳的红色、橙色或黄色花朵，这些颜色对鸟类有很强的吸引力。在南非，丽塔木属（*Mimetes*）的花序中出现了专门针对鸟类传粉的特化结构，它们的花朵只能被具有特定形状喙的鸟类访问，例如太阳鸟。丽塔木属的花朵并不组成大的松塔形花序，而是呈小簇生长在鲜艳的苞片内侧。鸟类必须以特殊角度把喙探进花朵才能获取花蜜，从而必然会接触到柱头。

　　在澳大利亚和南非还有另外一些山龙眼科植物，它们的花贴近地面，藏在枝条下面，从外边很难看见。这些花通常散发出酵母般的气味。在开普地区，访问这些花的是小型啮齿动物，它们在花中寻找花蜜时，头部会沾满花粉。在澳大利亚，同样的传粉工作则由蜜袋貂（*Tarsipes spencerae*，又名长吻袋貂）完成，这类小型有袋类动物也会访问大而显眼的佛塔树属植物的花。

　　生活在地中海气候区的植物具有非常相似的结构：植株是矮小的灌木，通常有厚而坚韧的叶子，并且充满了树脂和油。这种植被在澳大利亚、南非、智利、加利福尼亚以及地中海周围都能找到。在炎热而干旱的夏季，地中海气候区很容易发生火灾，因此这种生境中的植物已经适应了火灾及其造成的后续影响。除了气候条件外，澳大利亚和南非的土壤极为贫瘠，缺乏许多必需的营养物质，这导致植物更加易燃，灌丛中的火灾比其他类型的地中海植被区更常发生。山龙眼科和山龙眼属都以希腊海神普罗特斯（**Proteas**）的名字命名，普罗特斯是海洋神奥克亚努斯和泰瑟斯的儿子，可以随意改变体形。这可能指的是这些植物在火灾后再生的能力，但或许也暗示了它们奇异的花朵形状。

　　帝王花属和佛塔树属的花有类似的策略来应对火灾的影响。火灾能完全杀死其他物种，但这些植物的生存机制非比寻常。澳大利亚的一些佛塔树属物种，例如变细佛塔树 (*Banksia attenuata*) 或匍匐生长的鱼骨佛塔树（*Banksia chamaephyton*），有耐火烧的木质根状茎。当火灾烧光植物的所有地上部分后，新芽会重新从根状茎上长出。在南非，燥叶木百合（*Leucadendron spissifolium*）具备同样的能力，可以从耐火的木质根状茎上重生。

甚至可以说，如果没有火灾就不会有帝王花和佛塔树，因为它们都在某种程度上依赖火灾生存。火释种子（serotiny）是一种防火保护策略，种子被包裹在厚实的木质果实或球果中，成熟时也不开裂，这种状态有时会持续数年之久，直到火灾席卷栖息地。火焰的热量导致蓇葖果（follicles，山龙眼科植物的一种果实类型）打开，种子被释放出来，飘散到火灾后凉爽而湿润的地面上，这样的环境非常适合发芽。

所有这些相似性都是由于平行演化。面对类似的环境挑战，随着时间的推移，这些有亲缘关系的植物已经给出了类似但并不完全相同的解决方案。虽然从生物学角度来看，平行演化很有趣，但它也可能在将一个地方的植物引入另一个地方时引起问题。

19 世纪中叶，原产澳大利亚的三种荣桦属（*Hakea*）植物被引入南非，作为绿篱植物和薪柴来源。由于生境类似，这些窄叶灌木在开普半岛上生长得非常好——事实上，它们长得太好了，以至于成了有害的入侵物种，占据了本土物种的栖息地，并导致后者灭绝。荣桦属植物非常适合绿篱这一用途，如果放任不管，它们就会到处扩散，在所到之处形成难以穿越的带刺灌木丛，从生态系统中夺取本来就不多的水分，并积累大量易燃物质而形成严重的火灾隐患。

荣桦属植物也有火释种子的特性，种子被保存在坚硬的蓇葖果中，只有火烧才能令其打开。由于缺乏取食种子的天敌，一株荣桦属灌木可以产生大量带翼的种子。借助风力，这些种子不仅落在母株附近，而且还在整个栖息地中广泛传播。种子萌发之后，幼苗与当地物种的幼苗争夺空间和水分。当人们意识到这个问题的时候，荣桦属植物已经对开普半岛的生物多样性产生了重大影响。面对这些具有惊人种子产量，还能借助火灾繁殖的入侵者，当地的山龙眼科植物根本没有胜算。

　　如今，人们正在积极控制荣桦属植物在开普地区的扩散，其中一些方法需要大量的劳动力。由于荣桦属植物在火灾后不会重新生长，人们就把它们的植株砍倒，利用干燥脱水来刺激种子的释放；一旦这些种子发芽，该区域就会被纵火烧毁，从而杀死幼苗。通过这种方式，本地植物栖息地的保护已

高高的花序和细小不起眼的叶子，使得石南叶佛塔树（*Banksia ericifolia*）颇受切花市场的青睐。将其种植在远离东澳大利亚家乡的地方，看似会有水土不服之虞，但南非的生境和澳大利亚太像了，以至于这种佛塔树正在快速蔓延，入侵当地脆弱的灌丛植被。

经取得了显著进展。据测算，清除 1 公顷被入侵（是的，这就是一种入侵）土地的成本，是在它被入侵前在同一区域物理清除幼苗的成本的 10 倍。生物防治手段，即一种以最具侵略性的荣桦属植物种子为食的象鼻虫也被引入开普地区，并取得了较好的效果。具有讽刺意味的是，为了维持这种象鼻虫的种群，人们还得保护一些入侵的荣桦属植物的种群。这可真是负面意义上的一石二鸟啊。

33

33 在"调查者"号完成绕澳大利亚航行的壮举时，布朗采集了包括冬青叶佛塔树（*Banksia ilicifolia*）在内的多种活体植物，这些植物后来被带回英国，用于丰富邱园的植物种类。负责这次航行的弗林德斯船长在返回途中，因被怀疑是英国间谍而在毛里求斯被法国监禁。尽管他最终得以返回家园，却在自己的航行笔记出版之际不幸去世。

　　预防物种入侵有一个常见的困境，在外来物种对本土物种造成威胁之前，人们很难预先识别它们是否具有侵略性。尽管本土的帝王花也同样迷人，但近些年南非还是引进了一些佛塔树属的植物用于观赏。不需要多么高深的科学知识就能判断，它们可能成为一场即将发生的生态灾难。特别是石南叶佛塔树，这种有着巨大红色花序的美丽植物已经开始侵入本地生境。就像荣桦属一样，它的种子产量非常大。据估计，一株石南叶佛塔树在南非产生的种子数量，是在澳大利亚原生境的 12 倍以上。幸运的是，开普地区的环保工作者们正全力以赴地管理和控制外来物种，同时努力在问题恶化之前识别出潜在的威胁。

　　物种入侵不只是从澳大利亚到南非，反过来也很容易发生，它们是世界各地的原生生境共有的问题。这些不受欢迎的殖民者夺走了阳光和生存空间，导致本土植物的消亡。并非所有入侵物种都是因为意外或商业目的引入的，有些只不过是因为长得好看或奇异，而被人当作新奇品种种在花园里。人们总觉得植物不会脱离自己的控制，但大自然总能给你惊喜，有时候则是惊吓。随着全球化的进程，我们必须谨慎行事，以免无意中播下可能导致其他物种毁灭的种子，从而毁掉全球众多植物和我们自身的未来。

牡丹和芍药

There is a gruesome storm in the Garden of Peonies,

And the raindrops are like stones, and the wind like a broom.

Yet the petals fall like lovers' tears,The flowers will blossom until the end

of time.[1]

——19 世纪晚期流行于中国的歌曲

在园林艺术中，牡丹和芍药象征着东西方的完美融合，每个收集、培育和欣赏它们的人都收获了极大的成就感。然而，并非所有人都持此观点。20世纪初的英国植物学家雷金纳德·法雷尔（Reginald Farrer），对牡丹有着复杂的看法。法雷尔曾数次前往中国西藏山区探险，主要是为了寻找龙胆等高山植物。他曾说："记住，只有日本和中国的牡丹才能表现纯正的东方韵味。引入西方的东方牡丹已经发生了灾难性的退化。如今，欧洲充斥着形态笨拙、色彩单调的牡丹品种，它们都是重瓣或半重瓣，头重脚轻，缺乏生气。真正的东方牡丹和芍药则展现出一种飘逸不羁的华贵感。它们的花朵硕大，质感光滑且有光泽，边缘有时呈撕裂或流苏状，既有重瓣，也有单瓣，颜色

这是欧洲本地产的单瓣红色芍药，药用芍药（*Paeonia officinalis*），学名的意思就是药剂师的芍药，因为具有药用价值而受到重视。16世纪的本草学家约翰·杰拉德（John Gerard）非常中意芍药，他写过这么一个药方："取15粒黑色种子，用葡萄酒或蜂蜜酒服下，对夜间梦魇有奇效。"

---

[1] 未查到 19 世纪末流行于中国的类似歌曲，故保留英文。英文歌词大意：暴雨骤落牡丹园，狂风似帚，花瓣如泪。牡丹绽放永恒。

35

Clara Maria Pope
1821.

纯净而多样。但无论何种形态，都呈现着既威严又高雅的美好。"法雷尔在从野外考察归来多年后写下了这段略显苛刻的评论，或许是因为他的回忆美化了他在东方的花园里真正看到的牡丹形象。但无论东方还是西方的牡丹和芍药，长久以来都深深吸引了不同文化背景的人们的目光，这是它们应得的荣耀。因为牡丹和芍药是花卉中最精致的种类，不仅美丽，还拥有极丰富的香气——既有芳香，也有甜美。

总的来说，芍药属植物可以分成两大类。草本的是芍药类，每年冬天地上部分都会枯萎，次年春天重新发芽。用英国园艺师和景观设计师格特鲁德·杰基尔（Gertrude Jekyll）的生动说法，芍药的新芽就像"可爱的玫瑰色猪鼻子"。木本的是牡丹类，它们不会长成大树，而是具有多年生木质茎的丛生灌木。野生牡丹只分布于中国，而野生芍药则遍布整个北半球——从日本和中国，经过中亚和高加索地区，到土耳其和小亚细亚，南欧和北非，甚至在大西洋彼岸还有两个原产北美的物种。芍药属（*Paeonia*）的名字来源于佩

36

埃雷特在他的素描旁边记录了自己的观察："芍药属，叶色深绿而华丽，为雄性，雄芍药更大。"他后来删去了"雄芍药更大"这一特点，很可能是因为他最终确定自己所画的药用芍药（*Paeonia officinalis*），正是所谓的"雄芍药"，据称是英格兰的原生种。他笔下这株植物的花色非常深，结合他的笔记可以推断，整株植物的色素含量都很高。

（Paeon 或 Paean），医药之神埃斯库拉皮乌斯（Aesculapius）的助手。在《伊利亚特》（*Iliad*）中，诗人荷马讲述了佩恩用莱托（Leto，阿波罗的母亲）给他的根制成的药膏治愈了哈迪斯（Hades，冥界之神）和阿瑞斯（Ares，战争之神）的故事。埃斯库拉皮乌斯嫉妒佩恩的成功，为了报复而杀死了他。为了感谢佩恩，阿瑞斯将他变成了一种极其美丽的开花植物——药用芍药。

芍药属植物在东西方都有着悠久的药用历史。在古代欧洲，僧侣们在修道院花园中种植芍药，认为它们可以治疗梦魇、黄疸、腹部绞痛、癫痫和精神疾病。芍药最有价值的部位是肉质的根，很多神话都和它的收获方式有关。像曼德拉草一样，芍药根不能用手收获，而必须由狗从地里拔出来。

37

自古以来，英国从未发现过野生的芍药属植物。在威尔士和英格兰之间的布里斯托尔海峡中，斯蒂普霍尔姆岛（Steepholm）上生长着南欧芍药（*Paeonia mascula*），一个原产地中海沿岸森林中的物种。这个岛现在无人居住，但有中世纪修道院的遗迹，13 世纪初的奥斯定会修士们可能种植过南欧芍药，并且在离开时把它们遗留在了岛上。

大多数欧洲的芍药都不耐寒，因此一直没有被用于培育观赏品种。例如马略卡芍药（*Paeonia cambessedesii*），仅产于马略卡岛的陡峭悬崖。在 19 世纪，雅克·坎贝塞德斯用猎枪打下来几根枝条，才算是采集到了它的标本，所以花园里见不到这种植物的栽培品种也就不难理解了。中世纪最常见的芍药是药用芍药，之所以这样命名，是因为它的根和种子都在药店出售。药用芍药也是芍药属中第一个在欧洲的花园中栽培的品种，17 世纪的植物画作品中就描绘了红色和白色的重瓣类型。现在，野生的药用芍药非常罕见，但尚不清楚这是过度采集还是原生栖息地的全面变化所致。

日本园林是表现简约之美的纪念碑。表面上看起来，这样的艺术风格中似乎没有牡丹和芍药的位置，因为它们花朵硕大繁复，有时甚至有点邋遢。但事实远非如此，日本培育的牡丹和芍药品种非常有名。日本只有两种原生的芍药，它们都不太常用于植物育种，不过，草芍药（*Paeonia obovata*）已经得到了园艺学家的认可。日本牡丹，又称帝国牡丹（imperial penoies），是花形异常美丽的杂交品种，培育过程利用了花器官发育的可塑性。德国诗人和植物形态学家约翰·沃尔夫冈·冯·歌德（Johann Wolfgang von Goethe）观察了很多种花的结构，既有野生的，也有人工杂交的，据此他提出，花的

38

各部分器官实际上都是叶子的变态。我们现在知道，花朵中的每一轮器官都是通过看起来很简单的一组基因来确定身份的，这个调控机制被称为 ABC 模型[1]。在模型的最简单形式中，基因 A、B 和 C 的不同组合确定了花芽里的原始细胞最终会发育成哪种花器官：A 是萼片，A + B 是花瓣，B + C 是雄蕊，C 是雌蕊的心皮。科学家在遗传学的模式植物拟南芥（*Arabidopsis*，一种很不起眼的十字花科植物，白菜的亲戚）中研究发现，通过操纵 ABC 模型中的基因突变，可以获得全部是花瓣、全部是雄蕊，或者拥有更奇怪的花器官组合的花朵。然而，帝国牡丹的花朵比上述突变体更为神奇。最简单的牡丹花里，一轮花瓣环抱着一大群蕊，而帝国牡丹的雄蕊全都变成狭窄的花瓣状了，有时颜色还与外轮的大型花瓣不同。变化到最极致的品种，花的中心完全被不育的花瓣状雄蕊填满，园艺学家将它们归类为一个单独的品系，称之为"托桂型"[2]。在日本的牡丹文化中，这些品种是相当晚近才被培育出来的。日本最早的栽培牡丹来自中国，由佛教僧侣在 8 世纪引入，目的是采收根部用作药材。在日语中，牡丹被写作ぼたん，其来源正是汉语的名称。由于花的魅力，牡丹在日本很快就由药用植物转变为观赏植物，尤其是在 16 世纪至 17 世纪，很多日本品种被培育出来。它们就是植物猎人雷金纳德·法雷尔所珍视，并用来贬低欧洲牡丹育种的那些东方品种。牡丹是日本仅有的三种拥有皇家地位的花卉之一[3]，民间称之为"二十日草"（无疑是指其短暂而密集的花期），以及"富贵草"。

　　不过，牡丹真正的故乡是中国，芍药属牡丹组的所有物种都产自中国。牡丹在中国已有至少 1000 年的栽培和繁育历史。李时珍在《本草纲目》中写道："根上生苗，故谓牡，其花红色，故谓丹。"意思是说，牡丹可以分株繁

---

[1] 现在的花器官发育调控模型是 ABCDE 模型，作者在这里做了简化。

[2] 原文为 anemone-flowered，形容花的形状像海葵。

[3] 原文如此，但"拥有皇家地位"的表述较为含糊，译者认为准确的说法是牡丹是日本皇室会使用的花卉之一。

39　　殖，这是个"雄性"特征，而种子繁殖是"雌性"特征。[1] 在 7 世纪的唐朝，

牡丹成为宫廷中流行的花卉，成排的牡丹装饰着长安的皇宫。长安周边的地

区诸如今天的陕西省、河南省和四川省分布着多种野生牡丹，因此中国的园

艺师当时肯定有充足的材料用来做杂交实验。在武则天统治期间，人们对牡

丹的喜爱到了狂热的程度。一丛品相好的牡丹，售价抵得上十户中等人家的

细叶芍药（*Paeonia tenuifolia*）奔放的花朵与纤细娇嫩叶子的对比，赋予了它其他牡丹和芍药无法比拟的脆弱之美。这种芍药原产于黑海北部的高加索山脉，自 18 世纪中叶以来一直在欧洲花园中栽培。

---

[1] 原文直译为："牡丹"这个名字的意思是充满男性特征的花朵，因为牡丹（Mudan）这个俗名的来源要么来自"男性猩红色花朵"，要么来自 Mudang，中国神话中的花神皇帝。但中国并没有一位叫 Mudang 的花神。

赋税①。武则天的首都洛阳，至今仍是中国牡丹栽培的中心。当时人们喜爱的品种通常是重瓣的，内部花瓣彼此层叠，形成一个紧凑的圆顶。通过持续不懈的育种和精心的栽培，中国园丁培育出了直径达 30 厘米的花朵。在明朝和清朝的全盛时期，牡丹的种植遍及全国，既用于观赏，也充当药材。牡丹在中国文化中象征着生命力、财富以及宇宙的阳刚之气，因此毫不意外，牡丹的根（称为"丹皮"②）自古以来就被用于医疗，直至今天，除了丹皮以外，白芍（草本种类芍药 *Paeonia lactiflora* 的根）也是中国传统医学的常用药材，被认为具有滋阴和平肝的功效。

　　中国牡丹一来到欧洲，就唤起了公众对于"完美花卉"的想象：一种花朵像玫瑰，带有甜美香气但没有刺的植物，注定会流行起来。随着对东方的植物探索愈加深入，越来越多的牡丹和芍药被引入欧洲的花园，不仅有野生物种，也有一些令人惊叹的中国栽培品种。草本种类中，人们用欧洲的药用芍药和中国的芍药杂交，育成了许多美丽的栽培品种，但木本的牡丹仍然是稀有的。19 世纪上半叶，东印度公司驻广东的验茶师约翰·里夫斯（John Reeves）委托中国艺术家绘制当地植物的画作。他还把活体植物从广州运往英格兰。这些植物被仔细打包，并附有给船长的特别指示，让它们在漫长的航程中得到适当的照料。遗憾的是，里夫斯捎回欧洲的很多牡丹品种都没能种活，也许是由于它们的花太重了——直径 30 厘米的花，那该有多重啊！里夫斯还发挥了自己的影响力，让伦敦园艺学会派福钧 (Robert Fortune) 前往中国，寻找蓝色牡丹，以及其他不存在的植物。福钧带回了 100 多种英国人从未见过的植物，包括许多栽培牡丹和芍药，但最受珍视的是这些栽培品种的野生亲本，它们是费了很大力气才收集来的。③让 - 马里·德拉维（Père

---

① 原文为"一株牡丹的售价高达一百两黄金"，但这种说法有误，"百两金"这个俗名是从别的植物转移到牡丹上的，不是指它的价格。

② 中国传统医学认为丹皮具有凉血清热、活血化瘀的功能，与"阳刚之气"无关。

③ 福钧带回英国的价值最高的植物是中国优良茶树种和苗，令他成为臭名昭著的"茶叶大盗"。这一间谍行为是东印度公司指派的，和里夫斯的工作应该也有关系。

紫斑牡丹可能是所有栽培牡丹的祖先物种之一，法雷尔于 1914 年做了该物种的科学描述。这幅画是在那之前完成的，实际上可能是另一个物种，或者是由詹姆斯·普伦德加斯特船长在 1802 年带到英格兰，并在赫特福德郡的亚伯拉罕·休谟爵士的花园中种植的栽培品种。

Jean-Marie Delavay），一位 1867 年被派往中国的法国传教士，带回了两种野生牡丹：黄牡丹（*Paeonia lutea*）和以他的名字命名的滇牡丹（*Paeonia delavayi*）。[①] 这两个物种在欧洲的园艺牡丹杂交育种中是极为重要的亲本，不过育成的品种就是法雷尔看不起的那些。或许是因为他对自己所采集的野生芍药属植物没有被用于培育新的杂交品种而感到愤怒。

法雷尔采集的物种中，最稀有和最著名的是紫斑牡丹（*Paeonia rockii*），以美国植物学家约瑟夫·洛克（Joseph Rock）的姓命名。1802 年，詹姆斯·普伦德加斯特（James Prendergast）船长从中国带回了一棵野生牡丹，具有硕大的白色花朵，花瓣基部有深紫色的斑点。这株牡丹被种植在伦敦北部赫特福德郡的亚伯拉罕·休谟爵士的花园里，据记载，它在 1835 年开出了 300 多朵花。再也没有人在野外见到过这种牡丹，直到 20 世纪初，雷金纳德·法雷尔和威廉·珀多姆（William Purdom）在甘肃南部的藏区重新发现了它。法雷尔所描述的特征与休谟花园中栽培的牡丹完全一致，他与这种植物的相遇是一次近乎神秘的经历："当接近目标时，我屏住呼吸，内心激动之情愈发高涨……它们的芳香在黄昏中弥漫，甜美宛如玫瑰。我长时间地沉浸在对它们的崇拜之中。"遗憾的是，法雷尔没能带回这种牡丹的活体材料，因此它仍然只是一个停留在纸面上的目标。在同一时期，美国政府也开始进行全世界的植物探索，大卫·费尔柴尔德（David Fairchild）博士成为种子和植物引进办公室的负责人，位于佛罗里达州的费尔柴尔德热带植物园[②]就是以他的名字命名的。1920 年，他派遣约瑟夫·洛克博士（当时是夏威夷大学的中文和植物学教授）前往印度支那、暹罗和缅甸，以获取能够榨油治疗麻风病的五蕊大风子（*Hydnocarpus wightianus*）的种子。

洛克于 1922 年前往中国，并在接下来的 27 年里断断续续地在中国采集

---

① 黄牡丹目前已经归并入滇牡丹。

② 也译作仙童热带植物园。

Clara Maria Pope.
1822.

植物。他能说一口流利的汉语，没有哪个英国植物猎人能做到这一点。1926
年，洛克在甘肃省卓尼县的一座喇嘛庙里栽种多年的牡丹上收集了一些种子，
并把种子送给了哈佛大学阿诺德树木园的负责人查尔斯·萨金特（Charles
Sargent）。萨金特随后将种子分享给了大西洋两岸的许多知名植物园。这
些种子种出的植物与法雷尔所描述的，以及在休谟花园中栽种的牡丹完全一
样。人们最初认为这种植物是栽培牡丹的一个品种，并用洛克的姓为之命名

42

在这幅画的右下角，不
具名的中国画家写下了
这个牡丹品种颇具诗意
的名字，"宫粉牡丹"，
意思是"颜色如同宫中
女子化妆用的胭脂粉的
牡丹"。目前在所有中
国牡丹的品种名录中，
都没有这个名字的品
种，它可能已经绝迹，
或者与其他品种杂交，
从而在这些非常特别的
观赏植物中创造出了更
丰富的多样性。

（*Paeonia* × *suffruticosa* 'Rock's Variety'），但中国林业科学院的牡丹分类专家洪涛教授认为它是一个独立的物种，即紫斑牡丹。1938 年，卓尼的喇嘛庙失火，寺中的牡丹也全部毁于火灾。当这座寺庙重建时，洛克亲自将他在世界另一端培育的紫斑牡丹种子送了回来，重新种在了寺庙的花园中。这是命运的交缠，也是植物爱好者情感的美好体现。

　　20 世纪中叶开始，中国与世界其他地方的植物物种交流中断了近 40 年。但中国人对牡丹的喜爱一如既往，1994 年，牡丹成为国花提名方案之一。牡丹的育种和栽培从未停止。现在，甘肃牡丹，包括很多以紫斑牡丹为亲本，具有深色花心的精美杂交品种，正在进入西方，这是牡丹的第二次东风西渐。中国有一个绿色花瓣的牡丹品种，名为"豆绿"，也许有一天，如梦似幻的蓝色牡丹也会出现。为了培育观赏品种，芍药属植物的两大类别内部进行了广泛的杂交。草本的芍药类可以互相杂交，比如几个世纪前就存在的药用芍药和芍药的杂交，木本的牡丹类也可以相互杂交。但是，跨越两大类别的杂交①曾经一度被认为是不可能的。有人尝试过，但总是失败。北美的芍药育种家想要创造带有重瓣黄色花朵的草本品种，但只有像黄牡丹这样的木本牝丹和它的杂交后代才有真正鲜黄色的花朵。他们最接近成功的一次，是将带有淡黄色花朵的高加索芍药（*Paeonia mlokosewitschii*，现在被归并为圆叶芍药的亚种 *Paeonia daurica* subsp. *mlokosewitschii*）与芍药的重瓣品种进行杂交，培育出一种淡黄色的单瓣芍药——"月光"（*Paeonia* 'Claire de Lune'）。这个品种的花朵是黄色的，但不是鲜亮的黄色，也不是重瓣的。但是突破确实到来了，这是坚持不懈和辛勤劳作的成果。

　　1948 年，日本育种家伊藤东一开始了艰辛的组间杂交工作，以黄花的牡丹品种"金晃"为父本，重瓣白花的芍药品种"花香殿"为母本。他总共授粉了 1200 株植物、2000 多朵花，却只得到了 36 株幼苗，其中大多数在枝

43

---

① 即所谓"组间杂交"。芍药属芍药组和牡丹组之间有较大的遗传差异，而且花期间隔一个月，所以杂交极其困难。

叶形态上类似芍药。伊藤东一在 1955 年去世时，他的宝贝幼苗还没有开花，所以很遗憾他没有看到自己辛勤工作的成果。伊藤东一的女婿大矢田茂夫继续了他的工作，第一株幼苗在 1963 年成年并开花了。这些花朵华丽非凡，深黄色，重瓣，花瓣基部带有红色，正是牡丹育种者梦寐以求的姿态。为了纪念伊藤东一的成就，后人把按照他的方法培育出的黄花重瓣芍药品种统称为"伊藤杂种"，俗称伊藤牡丹。美国的育种家很快开始尝试重现伊藤东一的组

约瑟夫·班克斯委托英国东印度公司的一名外科医生，收集了一株著名的中国牡丹（*Paeonia × suffruticosa*）的活体植株。1789 年，约瑟夫爵士将它种在了邱园里，弗朗茨·鲍尔所绘制的这幅画可能就是这株牡丹。

间杂交，并在 20 世纪 80 年代末成功培育出一系列令人惊叹的新颖花色，从鲜黄到深紫。这场东西方的合作惠及所有园艺爱好者，为他们带来了超乎想象的新品种。牡丹和芍药的确是永恒的花卉，它们不断演变，并成为节日和诗歌的主题。毫无疑问，它们将一直在东西方的园林中绽放，直至时间的尽头。

睡　莲

44

那片土地上的一切似乎永远不变！

岛上的食莲人来了，把船围住。

这些忧郁的人长着温柔的眼睛，

绯红的霞光映衬着他们暗淡的面影。

——《食莲人》（"The Lotus-eaters"），阿尔弗雷德·丁尼生勋爵

(Alfred Lord Tennyson)，1832 年

　　古埃及人崇拜睡莲。尼罗河中的睡莲花与世界之光的出现有关，在孟菲斯被当作三柱神之一的植物之神涅斐尔图姆（Nerfertum）的象征。蓝睡莲①的花在清晨开放，在太阳落山时沉入水下，因而被认为与晨星之间存在神秘的联系。睡莲的美丽花朵，出淤泥而不染，就像人类的两个愿望——纯洁与不朽。古埃及人把尼罗河中常见的两种睡莲作为供品献给死者；在拉美西斯二世（Rameses Ⅱ）的石棺中发现了白天开花的蓝睡莲和夜间开花的齿叶睡莲（*Nymphaea lotus*）的花瓣。睡莲也经常出现在古埃及的墓葬艺术中，壁画描绘了花园中的方形池塘里种着白花的齿叶睡莲；在花园的其他区域，

开白色花的睡莲，比如马拉巴尔睡莲（齿叶睡莲），在埃及被视为神秘的植物。《亡灵书》（*The Book of the Dead*）记录了它的转变："我是纯洁的睡莲，从太阳神拉（Ra）鼻孔喷出的神圣光辉中涌现。我披荆斩棘，不断前行，追寻着天空之神荷鲁斯的踪迹。我是纯净的存在，源自田野的怀抱。"

① *Nymphaea caerulea*，现已归并为 *Nymphaea nouchali* var. *caerulea*。

45

The Aquatic Flower Ally
of the Malabars.

Polyandria Monogynia

B.Reichel delt.
Madras 1789.

46

イニエイ

贵族们接过睡莲的花朵，并将其缠绕在头发上，作为对给予者的尊重。不过，最壮观的睡莲艺术位于卡纳克神庙，那里的柱子顶部正是睡莲花朵的形象。在古埃及的宗教仪式中，睡莲被用于致幻，这或许是丁尼生诗歌中明显嗑了药的食莲人形象的来源。

尼罗河的白色睡莲常被称为莲花（lotus），这是其学名 *Nymphaea lotus* 的来源。这个名称经常和真正的莲花混淆，后者（莲，*Nelumbo nucifera*）原产于印度和东南亚①。尽管睡莲和莲都是水生植物，都有大而圆的叶子，但实际上非常不同。睡莲的叶子漂浮在水面上，叶片有很深的裂口；而莲的叶子则高高地挺出水面，叶片是完整的圆形，叶柄正好位于叶子的中心。植物学家将莲置于莲科（Nelumbonaceae）中，与睡莲科（Nymphaeaceae）是完全不同的类群，两者之间的亲缘关系甚至都很远。莲的花朵被视为佛陀的宝座和女性美的典范。莲的所有部分都可以吃，根状茎是藕，可以生吃或煮熟食用，种子是莲子，有人认为它就是传说中古埃及人吃的毕达哥拉斯豆（Pythagorean beans）。莲花的种子以其持久的生命力而闻名。第二次世界大战期间，伦敦遭到纳粹的轰炸，自然博物馆植物标本室的屋顶被燃烧弹击中，扑灭大火时，标本馆中储存的一些莲子被水泡了。尽管这些种子已经干燥了超过 100 年，但一吸收水分，很快就发芽了。

所有的睡莲都必须应对水中生活的压力。登上陆地极大地改变了植物的形态和结构，反之，重新适应水中生活也需要变化。睡莲科植物都生有埋在水底肥沃淤泥中的根状茎或块茎。叶子和花朵直接从茎上长出，并被长而柔软的叶柄牵扯着漂浮在水面上。这些像鞭子一样的叶柄能够持续生长，以便叶子在涨水时被淹没后能够浮上水面。在一本关于 19 世纪英格兰什罗普郡植被的书中，记录了一条长度超过 4 米的睡莲叶柄，但一般来说长不了这么长。叶柄内部有很多充满了空气的腔隙和孔道，植物学家称之为通气组织，这有

莲花的聚合果和花朵一样壮观，它们被称为莲蓬，由一个海绵状的花托发育而成，每个独立的雌蕊心皮都生于单独的孔中。成熟后，莲蓬脱落并倒扣着漂浮在水面上。随着花托腐烂萎缩，种子从中陆续释放出来，沉到水底，在营养丰富的淤泥中发芽。

47

---

① 莲的自然分布非常广，从东亚、东南亚、南亚到大洋洲都有。

助于叶子漂浮，并能够帮助水下的根茎与外界进行气体交换。睡莲能产生两种形态的叶子，除了浮叶，还有沉在水面以下的叶子。沉水叶从新发芽的种子上或在生长季节开始时从根茎上长出，它们看起来非常像浮叶，但由于不伸出水面，很少被注意到。我们平时提到"莲叶"或者"睡莲叶"时，总会认为它们都是浮水叶，但实际上只有睡莲科植物的成年叶子是浮水叶，莲科只有幼叶是浮水叶，随着植物生长，更强壮的成年叶子会脱离水面。此外，一些热带的睡莲属物种、莲花和任何生长得过于拥挤的睡莲都会长出挺水叶，即位于水面之上的叶子。莲叶的上表面具有很强的防水性，如果在莲叶上滴一滴水，水珠会像水银一样滚落。这是因为叶子表面有一层由蜡质和微凸起结构形成的超疏水层，使叶子呈现出白色的光泽。睡莲属的叶子光滑而闪亮，但同样有防水性，而且背面通常是红色或紫色的。有研究认为这样可以反射来自上方的红光，使之重新通过叶子，以供绿色的叶肉细胞进行光合作用。睡莲科植物的叶脉有精巧的数学和力学结构，足以支持极大面积的叶片漂浮在水上而不破碎。据说，1851 年伦敦世界博览会的水晶宫，在设计时就受到王莲叶子结构的启发。

48　　　　睡莲在水中传播种子的方式有好几种，其中最主要的是直接让果实沉到水底，在淤泥中腐烂。种子释放出来之后就落在母株附近，或随着水流移动到下游。萍蓬草属（*Nuphar*）和莲属（*Nelumbo*）的果实一直在水面之上生长，莲属的果实结构很特殊，种子生于膨大花托的孔洞中。

睡莲的花朵寿命相当短，最长不过三五天。温带的睡莲属植物都是白天开花的，但在热带，多变才是常态。夜间开放的花通常是白色，具有甜美的芳香或令人作呕的气味。然而，也有一些物种的花是红色或黄色的，有些花没有香味。这些花本该在白天闭合，但如果是阴天的话，它们往往会保持开放，这表明较强的光照水平才能导致花朵闭合。法老的尼罗河莲花，也就是齿叶睡莲，正是一个夜间开花的物种，白色的花散发出迷人的香味。齿叶睡

大白睡莲（*Nymphaea ampla*），来自南美洲热带的昼间开花物种。它有个俗名叫"斑叶睡莲"，但除了睡莲发烧友，很少有人会以观赏为目的种植它。在花卉市场上，夜间开花的亚马逊睡莲（*Nymphaea amazonum*）经常被当作大白睡莲出售。如果是活植物，它俩很好区分，但谁知道画里的花是几点开的呢！

艾顿家族连续两代人在皇家植物园邱园担任主管园艺师。威廉·艾顿（William Aiton）曾在切尔西药用植物园跟随他的苏格兰同胞菲利普·米勒（Philip Miller）做学徒，1759 年他去了邱园，到 1784 年成为园艺部门的负责人。艾顿在 1789 年发表了产自北美的肋果萍蓬草（*Nuphar advena*），不过他当时将其归为睡莲属。他的儿子（也叫威廉）在 1795 年被提升为主管园艺师，于 1811 年将该物种归入萍蓬草属中。

莲的一个变型①生长在匈牙利的温泉中。有人认为这是过去该物种广泛分布的遗迹，但可能性更大的是古人把它引种到了那里。

　　白天开花的睡莲种类繁多，形态各异。温带物种的花朵通常是白色的，而热带物种中常见红色和蓝色。花朵在夜间闭合，并在一夜之间被拉到水下，正如古埃及人和许多后人所观察到的那样。很多睡莲会随着开放的过程改变花色，比如蓝睡莲会逐渐褪成接近白色。莲花的花瓣则是从鲜艳的玫瑰色变为淡雅的粉色。

　　花朵的形状、颜色和香味使它们对人类和昆虫都具有吸引力，而睡莲是

49

① 分类学术语，一般指花色或植株大小等不稳定的形状改变。

广告艺术的大师。昆虫访客来到处于雄性阶段的睡莲花朵，品尝丰盛的花粉大餐。雄蕊密集生在色彩鲜艳的花朵中心，释放花粉的过程会持续三四天。对于白天开花的种类来说，每天晚上，花朵随着温度和光照水平的下降而关闭，次日早晨带着新产生的大量而黏稠的花粉重新开放。睡莲的花粉富含蛋白质，是营养丰富的食物来源。苍蝇、蜜蜂和甲虫等昆虫都是睡莲的食客，并在大快朵颐的同时把花粉从一朵花搬运到另一朵花。

　　然而，这幅传粉者大饱口福、花儿喜得贵子的田园风光画面，实际上只是整个传粉过程的一小部分。在睡莲花朵开放的头一天，它处于雌性阶段，柱头可以接受花粉，而雄蕊还没有开始散发花粉。此时的雄蕊在花朵中心的圆形水池周围形成一圈环形的高墙。靠内侧的雄蕊呈现成熟花粉的黄色，但其实是极好的伪装。水池是由雌蕊心皮的边缘向上凸起形成的，里面充满了液体；水池的底部是柱头，花粉颗粒必须在这里萌发才能使胚珠受精。访问花朵的昆虫对雌性阶段花朵的微妙形状差异毫无察觉，仍然准备进来大吃一顿，但在黄色花心的边缘上，它们遭遇的并不是大量黏稠的花粉，而是一片滑溜溜的蜡质峭壁，直接通向水池的深处。如果昆虫冒失，它就会掉进去！液体中含有表面活性剂，能够快速浸湿昆虫的体表。由于蜡质表面无法提供足够的摩擦力来帮助被困生物爬出，即使是身体轻盈的昆虫也很快会沉入水中溺毙。昆虫之前访问另一朵雄性阶段花朵时粘在身上的花粉被冲掉，沉到水池底部的柱头上并使花朵受精。接下来，睡莲花朵关闭过夜，第二天早晨重新开放时，伸长的雄蕊已经把水池遮蔽起来，并开始散发自己的花粉，准备迎接下一批昆虫食客的到来。

　　在许多人心目中，睡莲科最为壮观的物种是夜间开花的王莲（*Victoria amazonica*）。19世纪初由在南美探险的植物学家首次发现，并由德国植物学家爱德华·弗雷德里希·波佩格（Eduard Frederich Poeppig）在1832年发表，当时用的名字是亚马逊芡（*Euryale amazonica*）。1837年，探险家罗伯特·肖姆伯克（Robert Schomburgk）在为英国政府勘测英属圭亚那（现为圭亚那）的边界时，在伯比斯河中偶遇了这种神奇植物。肖姆伯克提议以当时的英国君主维多利亚女王的名字来命名这种植物，这一建议很快被自认为在全球植物学界领先的英国植物学家们所接受。这种植物一度被称为君主王莲（*Victoria regina* 或 *Victoria regia*），但根据植物学命名法规，最早发表的物种名具有优先权，也就是说，必须保留波普所使用的种加词"amazonica"。植物学家们一致同意，王莲属与芡属（*Euryale*）不同，因此，纪念维多利亚女王的属名"Victoria"也保留了下来。肖姆伯克从英属圭亚那写给地理学会的信在当时的流行杂志上广为传播，信中写道："鼓舞船员们加快划桨的节奏，我们很快便抵达了那个激起我好奇心的地方。看啊，一

在年轻的悉尼·帕金森作为艺术家随同约瑟夫·班克斯参加库克船长的"奋进"号航行之前，他曾教授西伦敦园艺师詹姆斯·李的13岁女儿绘画。李和肯尼迪苗圃专门引进新颖和有趣的植物，李将他这位才华横溢的雇员介绍给了班克斯，班克斯立即雇用他绘制在纽芬兰收集的植物，比如图中的延药睡莲（*Nymphaea stellata*）。

个植物界的奇迹！所有的不幸都被抛到了脑后，作为一名植物学家，我感到无比的满足。巨大的叶子漂浮在水面上，直径约 1.5 米至 2 米，叶片平坦，边缘宽展，上面是浅绿色，下面是鲜亮的深红色。与这些非凡的叶子相匹配的，是繁茂的花朵，每朵花由众多花瓣组成，颜色从纯白色渐变至玫瑰红色和粉红色。"

　　肖姆伯克对王莲的描述激起了英国人种植它的欲望，很多人竞相尝试将这个"植物奇迹"引入园林。多位在南美洲采集的植物学家将王莲的种子送回了英国，比如 19 世纪 40 年代初，托马斯·布里奇斯（Thomas Bridges）从玻利维亚寄回了种子。但遗憾的是，无论如何处理，这些种子最终都腐烂死去。到了 19 世纪中叶，从圭亚那寄来的新种子在邱园成功发芽。当这些幼苗长到适当的大小时，它们被分发到整个英格兰。幸运的是，其中一株被送到了约瑟夫·帕克斯顿（Joseph Paxton）手中，他是德文郡公爵在查茨沃斯庄园的首席园丁。帕克斯顿为这种植物特别建造了一个水池，并设计了一个能够最大限度接收光照的温室。王莲在此茁壮成长，叶片也越来越大。帕克斯顿甚至展示了这些叶子的承重能力，把一片木板放在较大的叶子上，然后让他的女儿安妮站在上面。1849 年 11 月 17 日《伦敦新闻画报》（*Illustrated London News*）上的插图描绘了一个小女孩端庄地站在叶片中央，穿着整洁的裙子和褶皱内衣。这个景象经过了一些艺术加工，去掉了木板。但实际上不管孩子多么轻，也还是需要木板来分散压力的，不然她的脚会把王莲的叶子踩破。在帕克斯顿收到邱园的幼苗四个月后，一个花蕾出现了。这个花蕾像卷心菜一般大小，夜间绽放为直径 30 厘米的纯白色花朵，并在当晚逐渐变为粉红色。次日白天，花朵会关闭，并在夜晚再次打开，释放出略似菠萝的香气。帕克斯顿被召至伦敦，向维多利亚女王献上了这种奇妙植物的一朵花和一片叶子。植物学家和公众纷纷涌向查茨沃斯，希望一睹这种被形容为"自然界中最优雅的物体之一"的植物开花的盛况。帕克斯顿的水池极为成功，种在这里的王莲不仅反复开花，甚至还结出了果实，进而萌发出新的幼苗。

帕克斯顿将他在设计 1851 年大博览会（Great Exhibition）水晶宫时的灵感归功于王莲。他曾表示，他在查茨沃斯建造的睡莲温室——一个用轻金属梁与大块玻璃搭建的建筑——激发了他的设计灵感："我意识到，只需将这个温室在长度、宽度和高度上放大并稍作修改，就能形成一个适合 1851 年博览会的建筑。这个结构的设计便是由此而来。"后来，根据同时期的另一份记录，帕克斯顿将自己的设计归功于王莲叶子本身的结构。"大自然就是工程师，"帕克斯顿说道，"王莲的叶子天然具备纵横交错的支撑梁，我借鉴了这些结构，并在这座建筑中采用了它们。"无论哪个版本的故事是真实的，水晶宫都成了一个奇迹，并长时间影响着全世界的温室设计。而这一切，都始于一株奇妙的热带植物——王莲。

　　尽管亚马逊王莲非常美丽，但并不是谁都能种植的，因为并非每个人都有像公爵那样的资源，能在欧洲养活热带植物。耐寒的温带睡莲虽然可爱，

52

南非睡莲（Nymphaea capensis）于 18 世纪末由弗朗西斯·马森（Francis Masson）首次引入欧洲进行栽培。在 1770 年代，马森与林奈的学生卡尔·佩尔·通贝里（Carl Per Thunberg）一起探索了当时鲜为人知的南非地区。据说，通贝里非常吵闹且爱吹嘘，而马森则恰恰相反，非常安静低调。

53

Nymphæa rubra. R.
Sundhi-Hola R.
Racta Sandhuca. Sans.

但它们全都开白色花朵，显得有些单调。法国园艺家约瑟夫·博里·拉图尔-马尔利亚克（Joseph Bory Latour·Marliac）凭借其卓越才能，开创了睡莲栽培的新时代。受到 1858 年一篇关于耐寒睡莲缺乏鲜艳色彩和精致形状的文章的启发，马尔利亚克着手改变这一现状，他巧妙地将色彩鲜艳的热带睡莲，比如蓝睡莲（*blue Nymphaea caerulea*）或印度红睡莲 (*red Nymphaea rubra*）与耐寒种类，比如欧洲的白睡莲（*Nymphaea alba*）或北美的香睡莲（*Nymphaea odorata*）进行杂交。这项工作耗费了他 32 年的时间，而他培育出的耐寒品种〔被称为马尔利亚克杂交睡莲（*Nymphaea x marliacea*）〕至今仍广受欢迎。马尔利亚克总共培育出了约 70 个美丽的品种，这些品种至今仍在市面流通，并用于杂交，以创造更多新的耐寒品种。大规模种植的睡莲能够形成绝妙的景观。很多人认为克劳德·莫奈在他位于法国北部的吉维尼花园的睡莲系列画作是印象派的巅峰。莫奈是印象派的领军人物，他根据自己的所见描绘世界，作品中充满了光与氛围的律动。他和马尔利亚克是同时代人，睡莲系列的第一幅画创作于 1903 年，也就是马尔利亚克的第一个成功的杂交品种进入园林的 24 年后。莫奈笔下的吉维尼花园中的淡粉色睡莲，正是马尔利亚克培育出来的。这又一次说明，无论从哪个方面，这些最美妙的花朵都在启发着人类。

这种印度红睡莲由威廉·罗克斯伯格在 1803 年描述发表。它具有红色的硕大花朵，略带香味，在黄昏时开放，日出时闭合。夜间开放的红色花很少，因为大多数红花对视觉高度发达的鸟类具有吸引力，并依赖鸟类传粉，而在黑暗中红色是不可见的。从风格上看，这幅画非常类似于弗莱明收藏中的其他睡莲画作。也许有一个"模板"，所有这些睡莲都是按照这个模板绘制的。

禾草和莎草

植类之中，

有物曰竹，

不刚不柔，

非草非木。

——《竹谱》，（晋）戴凯之，460 年

在这幅复杂的画作中，出现了来自几个不同属的禾草。画面顶部从左到右分别是羽状针茅（*Stipa pennata*）、凌风草（*Briza media*）、加那利藨草（*Phalaris canariensis*）、小麦（*Triticum aestivum*）、大麦（*Hordeum vulgare*）、甘蔗（*Saccharum officinarum*）、梯牧草（*Phleum pratense*）以及兔尾草（*Lagurus ovatus*）。

竹子那轻柔弯曲的叶子在中国丝绸印花和画作上起舞，宛如中国书法的笔触。书法不仅是"美丽的文字"，更是一种艺术形式，它通过图画和笔触来表达意境。用于书写汉字的毛笔是由竹竿制成的，而竹子本身也非常适合书法，因为竹子由直的、弯的和交错的线条组成，十分契合书法的线条感。书写汉字不仅用手腕，也用肘部和肩膀来进行，因此书法家的整个身体——真正的内心自我——都融入纸上的作品中。笔触本身至关重要，揭示了艺术家的内心感受、价值观和性格。12 世纪至 13 世纪的元代，文学和绘画传统的融合发展被称为墨竹。这种艺术形式是在纸上用墨绘画，完全是黑白色，以形状和形式为主，画作本身捕捉到了主题的真正精髓。如此结构独特的植物能够激发出如此美妙的艺术，真是再合适不过了。

有人说，竹子在中国文化中的地位是其他植物无法比拟的。这种神奇的

植物用途广泛，从水管、乐器、衣物、家具到食品，无所不包。在亚洲许多地方，甚至连脚手架也是用竹竿搭建的——竹竿含有丰富的硅，按重量来算，其强度甚至超过了钢铁，同时具有柔韧性和弹性。大约在公元前300年[①]，用于书法的纸张是用竹子制成的；在那之前，书法是书写在丝绸或竹简上的。竹子是中国的四君子之一——与兰花、梅花和菊花齐名，象征着高尚的人类品格。竹子常绿且坚韧，迎风弯曲但能重新挺直，体现了道家以柔克刚的原则。竹子象征着力量、持久的友谊、相互支持和坚持不懈，是力量的象征。新年贺卡上如果有竹子的图案，代表着对收信人的和平与宁静的祝愿。竹子挺直中空的茎（稍后会详细介绍）象征着正直和谦逊。在日本，竹子也有重要的象征意义。许多茶道中的关键器具只能用特定种类的竹子制成。在日本，竹子被视为"三友"[②]之一，象征三大宗教的教主。孔子（儒）以梅花为象征，老子（道）以松树为象征，佛陀（佛）则以竹子为象征。

但竹子究竟是什么呢？竹子高大挺拔，有中空的茎和纤细的叶子。毫无疑问，它是一种植物，但它的花在哪里呢？其实，竹子是一种禾草（grasses）。你可能想象不到竹子和自家草坪的草非常相似，但确实有一些关键特征，揭示了它们的亲缘关系。禾草是单子叶植物，因为种子发芽时只会长出一片子叶。绝大多数单子叶植物的叶子都有平行脉，仔细观察草坪上的叶子，你会看到平行的线条或脉络，竹叶的脉络结构也非常相似。禾草的平行叶脉往往凸起高于叶表面，当你摘下一片竹叶，横着含在双唇之间吹气的时候，这些凸起的叶脉会让气流振动，发出尖锐的哨音。

禾草的花很不显眼，一般只有花粉过敏患者的鼻子才会感觉到它们正在开花。禾草花的结构极其精简，但非常高效地实现了花的基本功能——将花粉从一株植物传递到另一株植物的柱头上，完成授粉，从而实现繁殖。禾草的"花"是如此简约而特殊，以至于研究禾本科的植物学家必须使用专门的

---

① 时间不准确，中国最早的竹子造纸记载是唐朝的，见李肇《唐国史补》："纸则有韶之竹笺。"

② 日文资料中未见这种说法。日本的岁寒三友是从中国传过去的，在原意之外增加了吉祥的含义。

57

术语来描述它们的结构，以避免与真正的花朵构造混淆。所有禾草的花都以花序的形式成群生长，其中最常见的是拥有很多分枝的圆锥花序。组成花序的基本单元叫小穗（spikelet），每个小穗都有一条主轴，上面挤满了称为"小花"（floret）的结构。小穗的基部都有微小的硬壳状结构，通常成对出现，称为颖片（glume）。在开花之前，颖片起到保护小花的作用。禾草的小花不只有花朵本身，每个小花的下方（或外侧，取决于你从侧面还是顶部观察小穗）都有一个像颖片一样的硬质结构，称为外稃（palea）；在小花的上方（或内侧）还有一个较薄的结构，称为内稃（lemma），与外稃相互锁定。在外稃和内稃之间才是真正的花，其基部有两到三个微小的垫状结构，相当于"正常"花的花瓣，称为浆片（lodicule）。当小花开放时，浆片内部充满水分而膨胀，迫使外稃和内稃分开，露出花的生殖功能部分，包括三到六个雄蕊和顶部有羽状柱头的雌蕊。所有禾本科植物的子房都会发育成内部仅含

（左图）与其他谷物相比，稻（*Oryza sativa*）是更多人赖以为生的农作物。稻的全基因组测序已经完成，对科学家来说这是一个极好的手段，可以用来研究这种古老栽培植物的抗病性、营养成分等重要性状的遗传背景。

（右图）莎草属（*Cyperus*）的植物，乍一看和禾草非常相似，但二者的花差别很大。莎草的花也相当简单，每朵花都被一枚颖片所包裹。不过，要区分莎草科和禾本科，最简单的特征就是"莎草有棱角"：莎草科植物茎的截面通常是三角形，而禾本科植物茎的截面通常是圆形。

有一粒种子的果实，果皮和种皮紧密地结合在一起，无法分开。这样的果实被称为颖果（caryopsis），它还有一个人们更加熟悉的名称——谷粒 (grain)，因此小麦、燕麦和玉米也属于禾草。栽培的谷物经过数千年的人类培育，颖果可以脱离小穗中的其他结构而被释放出来，对烹饪和食用来说是一个巨大的优势。但野生禾草的颖果通常会连同颖片、稃片一起脱落。这些结构的顶端常有刺状或钩状的芒，有助于让成熟脱落的小穗整个挂在动物身上被带走。有些禾草的芒可以在干燥时旋转扭曲，在受潮时伸直，这种现象称为吸湿性形变。芒的反复扭曲和伸直能够推动种子在土壤表面移动，甚至钻进土里，以便更好地发芽。

禾草小穗的组成变化极大，但所有禾本科植物，包括竹子，都具备小穗轴、颖片和小花这三种基本元素，这样的结构是从类似百合的祖先演化而来的。虽然竹子具有树状的木质树茎，看起来跟一般的草很不一样，但它们确实是草本植物。比如说，很多竹子一生只开一次花，果实成熟后就死亡了。尽管这些竹子的生命周期可能长达上百年而让开花显得非常罕见，但本质上和一年生的禾草是一回事。有一个流传甚广的说法，认为某种竹子的所有成员会在全球同时开花，然后死亡，但这显然是不真实的，在进化上也没有意义。然而，竹子的密集开花确实会对依赖它们的其他物种造成问题。

作为濒危物种保护的世界性象征，大熊猫几乎完全依赖竹子为食，这使它们与人类直接竞争，因为人类也砍伐竹子用于建筑或制造日用品，并把竹子生长的肥沃土壤开垦成农田。随着竹林面积的不断缩小，大熊猫所能取食的竹子的种类和数量也越来越少，当这些竹子集中开花死亡时，大熊猫就会挨饿。例如，在卧龙的森林中，一次竹子开花事件及其后续的枯萎导致野生大熊猫的数量在 11 年内从 150 只减少到了 20 只。尽管竹子是一种粗糙而营养贫乏的食物，但大熊猫还是更喜欢它们，而不是营养更丰富的食物，甚至会轻蔑地绕过更"适口"的食物。一片竹林集中开花死亡后，新的竹林可能要数十年时间才能成长起来，在这期间，依赖它们为生的大熊猫种群可能早

大梨竹（*Melocanna baccifera*）的果实与任何其他竹子都不同，形状和大小都像梨。这种果实具有坚韧厚实的果皮，里面只有一粒种子，就像小麦粒一样。大梨竹是印度东部和巴基斯坦最重要的建筑用竹子之一，在抛荒的农田中能形成密集的纯林。20 世纪初，吉大港每天有 100 吨大梨竹被制成纸张。

就消失了。[①]

　　禾草在某些生态系统中占据主导地位，如美国的大平原、塞伦盖蒂草原、中亚草原和阿根廷的潘帕斯草原。除了禾草本身，这些地方还有一个共同点是

---

① 自然条件下，不同海拔、不同物种的竹子开花时间不一样，大熊猫可以在不同的竹林之间迁徙以获得足够食物。人类活动导致竹林面积缩小、破碎化之后，大熊猫没有足够的腾挪空间来应对竹子开花事件，就很容易饿死。

59　生活着大量的食草动物。有草才有吃草的动物，这似乎是天经地义的，但禾草的一些生物学特性能够利用二者之间的关系，使之在全世界范围内获得成功，成为草地生态系统中的优势种。禾草是机会主义者，随时准备着利用任何一片未被占据的栖息地。禾草大多耐旱，能在受到严重干扰的环境中茁壮成长；禾草的种子富含营养，在贫瘠的土地上也能支持幼苗顺利长大。因此，在一片空白的土地上，禾草往往是第一批定居者。禾草还具有分蘖的特性，能在地表附近产生大量的分枝和生长点，使它们在争夺空间时占尽优势。对于只有单一生长点的植物来说，食草动物是不折不扣的灾难，一旦生长点被吃掉，植物就会死亡；具有多个生长点的禾草就没有这种压力，甚至食草动物的啃食和践踏还能促进禾草分蘖。如果排除了一片草原中的食草动物，比如在英国南部的白垩丘陵中所发生的那样，灌木和其他木本植物就会入侵，取代禾草的优势地位，植被就渐渐变得不是草原了。所以，食草动物对禾草来说不仅是掠食者，还是占领栖息地的助力，只要这种关系持续下去，就是一个互惠互利的故事。

　　人类也依赖禾草生存。我们所有的主要粮食作物都是禾草：水稻、小麦、燕麦、黑麦、玉米、高粱、黍……这个名单可以列得很长。每片大陆上的人类都把禾草驯化成了粮食——美洲的玉米，欧亚大陆的水稻、燕麦、小麦和黑麦，非洲的高粱和珍珠粟。在澳大利亚，人们通过焚烧草原来刺激禾草再生，这也是一种初步的驯化。禾草在驯化中发生的性状改变，很多都有助于在收割时保留谷粒。小穗变得不易脱落，一株植物上的所有果实可以作为一个整体被收割下来，最大限度地减少珍贵谷粒的损失。谷粒从小穗的颖片中裸露出来，意味着在扬谷时更容易分离谷粒和糠。谷物的种子也在驯化中变得越来越大，比如玉米，这让每株植物能提供更多的营养，对农作物来说是非常重要的属性。像食草动物一样，人类也与禾草一起进化，对彼此的影响甚至更加深远。

　　高大的竹子可以用来搭建脚手架，但禾本科中还有其他的大个子。甘蔗（*Saccharum officinarum*）也是一种禾本科植物，可能原产于新几内亚。几

经过清理后上市销售的芰白[1]和竹笋，是中国菜中的常见食材。芰白是菰（*Zizania latifolia*）被黑粉菌感染的幼嫩茎，竹笋则包括很多种竹子的嫩芽。据说竹笋的"质地像苹果，味道像洋蓟，营养价值像洋葱"。

千年来，印度一直种植甘蔗；而在欧洲，从 12 世纪起，蔗糖成为通过阿拉伯商人获得的奢侈品。16 世纪，早期殖民者将甘蔗带到了美洲，在加勒比地区建立了残酷的奴隶制种植园。甘蔗的种植需要大量的土地和劳动力，通过对奴隶世世代代的剥削，这一产业维持了数百年之久。甘蔗是一种巨大的禾本科植物，茎有点像竹子，但实际上与玉米和小米亲缘关系更近。甘蔗通过扦插繁殖，所以在低海拔热带地区看到的大片甘蔗田，实际上是同一株植物的克隆体，基因完全一致。与竹子不同，甘蔗的茎是实心的；随着植物的成熟，茎中的细胞充满糖分；在收获时，这些细胞的含糖量高达 15%。人们把甘蔗汁榨出来，干燥之后就形成了蔗糖晶体。压榨后的甘蔗茎干叫作蔗渣，全世界很多地方都把它当作制糖机械的燃料，这是一种可持续利用废物的方式。

60

---

① 原文为："柠檬草（lemon grass jiao shun）和竹笋（zu shun）是中国菜中的常见食材。柠檬草因其浓郁的香气而被广泛使用，其中最常用的品种是香茅（*Cymbopogon citratus*）。"但图中最左边是芰白，不是香茅。

　　禾草总能给我带来惊喜，不仅在于它们多种多样的用途和形态，还在于它们生长的地方。禾草并不全都生长在热带地区或开阔的草原上，实际上有些种类的生活环境非常特殊。20 世纪 80 年代初，我在巴拿马为密苏里植物园采集植物。圣路易斯的同事们需要什么植物，我就去给他们采。对植物分类学研究来说，有这么一个人驻扎在偏远的地方是非常有用的。

　　有一天，我收到密苏里的禾本科专家盖瑞特·戴维斯（Gerrit Davidse）的来信。当时对我来说他只是一个研究杂草的路人，但后来我们成了同事，一起参与编撰了《中美洲植物志》（Flora Mesoamericana），这套书涵盖了从墨西哥南部到哥伦比亚边境的植物。在信中，盖瑞特希望我去重新采集一种禾本科植物。我的前任汤姆·安东尼奥（Tom Antonio）曾经在巴拿马采集过它的标本，盖瑞特认为这是一个未被描述过的新属。新物种已经相当令人兴奋，发现新属就更刺激了，所以我立刻出发去寻找这个宝贝。

　　我没有见过这种植物的标本，所以并不知道它具体长什么样，只知道它很小，生长在瀑布的底部。瀑布位于里约提菲（Río Tife）河上，这是一条从大陆分水岭流向加勒比海的中型河流，在我驻扎的巴拿马城西边，有几个小时的车程。我们一群人花了一整天的时间，走到了由几户当地人开垦的小空地，这是去瀑布路上的一个停留点。

　　第二天，我们继续前行，还有当地农民迪迪莫·奥利维拉（Didymo Oliveira）陪同，他的性格和名字一样妙趣横生。抵达目的地后，我搜遍了 50 米高的瀑布下的每一块石头和河边的植被，发现了许多有趣的植物，其中包括在巴拿马首次采集到的一种小型腐生龙胆科植物，但并没有找到那种草。虽然令人失望，但这在植物猎人的工作中很寻常，成功和失败总是并存的，只不过我们通常只讲成功的故事罢了。然而，盖瑞特非常执着，两年后他回到那个地区，继续寻找这种禾草。他比我有更好的专业眼光和运气，终于在一个非常奇特的地方找到了目标。之前的标本是在瀑布底部采集的，而盖瑞特这次在瀑布上方的深谷中发现了它——在河流中间一块高达数米的巨大岩石上。据此推测，第一次采集的标本可能是在从瀑布上掉下来的岩石上获得的。这种禾草确实属于一个未被描述过的新属，为了纪念另一位禾草学家，盖瑞特将其命名为单性轭草属（*Pohlidium*）。它非常小，仅有 10 厘米高，生长在巨石底部蕨类植物的阴影下，叶子看起来也非常不像禾草，难怪采集者一直都没注意到它。

　　研究某个植物类群的专家是最适合发现这类植物的人，他们的眼睛和心灵都与研究对象同频。研究一类植物就像一段长期的关系，你会非常熟悉你的"伴侣"。很多稀有植物都是这样，只有在正确的时间、正确的地点遇到正确的人，才会被发现。

甘蔗完全通过克隆进行繁殖，因此一个地区种植的甘蔗可以在一段时间内彻底地被替换成另外的品种。1683 年，当汉斯·斯隆爵士前往牙买加时，当地主要的甘蔗品种是印度的。到了 18 世纪，在新大陆占据主导地位的甘蔗品种则来自爪哇。

绘制这种卡鲁满穗鼠尾粟（*Sporobolus coromandelianus*）的艺术家对植物结构的观察非常仔细。我们可以在右上方的小穗细节图中清楚地看到禾草花的典型结构。这个小穗中只有一朵花，位于左侧最下方的是外颖，右侧最下方的是内颖；左侧靠上的叶状结构是外稃，与之相对的是颜色较浅的内稃。位于外稃和内稃之间的是三枚颤颤巍巍的雄蕊和裂成两半的雌蕊柱头。

水　仙

火炬挥舞，灵柩与火葬柴堆已备好

——却找不到任何遗体；

取而代之，他们发现了一朵花——

白色花瓣簇拥着一只金杯！

《变形记》（*Metamorphoses*），奥维德（Ovid），公元 1 年，

A. D. 梅尔维尔（A. D. Melville）1986 年译本

从左到右，这里展示的物种分别是绝世水仙（*Narcissus x incomparabilis*）、中黄水仙（*Narcissus x medioluteus*）、绝世水仙和黄裙水仙（*Narcissus bulbocodium*）。西穆拉给它们标注了"Jonkille Major, Tarcette, Narcissus Stellatus, Narc: Trompet Medea"这些俗名，并误将中黄水仙这个杂交种当作欧洲水仙（*Narcissus tazetta*）。

所有水仙花都属于石蒜科水仙属（*Narcissus*）。这个属里不仅有我们所熟知的纯白水仙（*Narcissus papyraceus*），还有黄水仙（*Narcissus pseudonarcissus*）、红口水仙（*N. poeticus*）和丁香水仙（*N. jonquilla*），等等。在希腊神话传说中，美貌的青年那耳喀索斯（Narcissus）是水宁芙[①]利里俄珀（Liriope）被河神刻菲索斯（Cephissus）强暴后生下的儿子。他的母亲曾请教盲人先知特伊西亚斯，问那耳喀索斯是否会长寿并安享晚年。先知回答道："如果他不认识自己的话就能。"爱慕和追求那耳喀索斯的人非常多，包括艾蔻（Echo），她也是一位宁芙。天后朱诺（Juno，即希腊神话中

———————

① 希腊神话中次要的女神，也译作精灵或仙女，出没于山林、原野、河泉大海等地。

Tarcette

Narciffus. Stellatus

63

JonKille Major

Nuro: Trompet Media

的赫拉）嫉妒她丈夫朱庇特（Jupiter，即希腊神话中的宙斯）的诸多外遇，但每当她即将抓住与宁芙们偷欢的朱庇特时，艾蔻总是用冗长的对话把她拖住，使朱庇特和宁芙们得以逃脱。朱诺因此惩罚艾蔻，令她只能重复别人说的最后一句话。艾蔻追求那耳喀索斯，但说出的话只是他言语的回响。那耳喀索斯嘲笑艾蔻并拒绝了她的拥抱，还说宁死也不会接受她。艾蔻孤独地藏身于洞穴中，逐渐消失，只留下了回音。自负的那耳喀索斯继续拒绝着所有人，直到有一天，他在狩猎时来到一个清澈的水池。低头痛饮之后，他在明镜一般的池水中看到了自己脸庞的倒影，并疯狂地爱上了它。他把手伸进水池，拥抱和亲吻那张脸，却一无所获。此时他感受到了被他拒绝的人（包括艾蔻）的心情。那耳喀索斯在对自己的爱中消磨至死，"缓慢地在隐秘的火焰中化为虚无"。从此以后，他都在冥界的水池中凝视自己的倒影。人们没有找到他的尸体，只在水池边发现了一朵水仙花：白色花瓣簇拥着一只金杯。尽管有人认为，那耳喀索斯不是爱上了自己，而是以为倒影是他失散多年的妹妹，但水仙花作为花语中自恋的象征，至少在公元 1 世纪罗马时期奥维德的诗作中就已经出现，并流传至今。与奥维德同时代的博物学家普林尼认为，"Narcissus"这个名字来自希腊词根"narce"，指花的麻醉性质和香气。此外，维多利亚时代的作者宣称，水仙花的香气会让人发疯，在封闭的房间里放置水仙花会产生一种令人极其不愉快的气味，可能对敏感的人有害。

可以确信，希腊神话中的水仙花应该是欧洲水仙，其白色花瓣和亮黄色的副花冠与奥维德描述的植物相符。欧洲水仙原产于希腊和意大利，但有充足的证据表明，在罗马帝国时期，花卉球茎的贸易十分广泛。水仙花具有美丽的花朵和甜美（尽管稍显浓烈）的香气，在当时一定备受追捧。

据报道，中国早在 13 世纪就开始栽培水仙花，但这些水仙花的具体种类难以确定，因为现在中国和日本（事实上整个北半球）都能看到逸为野生的水仙花①。

---

① 中国栽培的水仙花目前认为是欧洲水仙的亚种（*Narcissus tazetta subsp. chinensis*），但欧洲水仙的遗传背景很复杂，分类学地位也不是很明确。

奥斯曼帝国在植物传播方面贡献巨大：他们不仅在自己的疆域内积极进行贸易，还接待了各路欧洲旅行者。其中一位是巴伐利亚的医生莱昂哈德·劳乌尔夫（Leonhard Rauwolff），在为期三年的旅程中，他从奥格斯堡出发，途经的黎波里和阿勒颇，到达巴格达，再经耶路撒冷返回。这是西欧人首次在近东地区开展的现代植物学实地考察，基督教和伊斯兰教一直在该地区频繁冲突。劳乌尔夫于 1573 年离开奥格斯堡，他的旅行目的是发现和验证古阿拉伯和希腊医生描述的草药特性。北欧的医生对这些药材的功效极为依赖，但只在传闻中听说过它们的样貌。劳乌尔夫带回来的腊叶标本集（herbarium，一组干燥的植物标本，可作为特定时间生长在特定地点的植物形态的永久证据）是该领域的首创，我们可以在其中看到劳乌尔夫亲眼所见的具体证据。随着干燥标本数量日益增多，在旅行中保持其完好无损想必是极其困难的，因为劳乌尔夫大部分时间都是与当地人一起旅行，而这些人的日程安排并不一定适合植物学考察。大部分旅程中，劳乌尔夫只有一位欧洲同伴，但并不固定（他与在近东新兴市场中逐渐壮大并站稳脚跟的欧洲商人社群——包括法国人、威尼斯人和德国人有过接触）。劳乌尔夫对该地区宗教和文化的观察读起来非常有趣。事实上，他可能是第一位去耶路撒冷朝圣的路德教徒，因此也是第一位去朝圣的新教徒。劳乌尔夫还是最后一位以真正的朝圣者身份旅行的新教徒，后来的新教徒都是作为好奇的旅行者而非朝圣者来到耶路撒冷的。1600 年，一位英国牧师言辞谨慎地宣称，他和他的同伴们去耶路撒冷“不是作为朝圣者，不因任何迷信的虔诚而去瞻仰圣物或朝拜圣地，仅仅是观光罢了”。劳乌尔夫在阿勒颇看到了水仙花，包括一种奇怪的变种，当时他可能是在前往巴格达或返回耶路撒冷的途中：“土耳其人喜欢在花园里种植各种各样的花。他们非常喜爱这些花，并将它们戴在头巾上，所以我可以每天看到一株又一株漂亮的植物。12 月，我看到开着深棕色和白色花的堇菜……然后是郁金香、风信子、水仙花，他们仍然用旧名字称呼它们为‘negries’。在所有花中，我首先注意到的是一种罕见的重瓣黄色水仙花，叫作 modaph。”

欧洲水仙属于一个极其复杂的群体：物种之间的差异模糊不清，而且园林材料中描述的大量植物使得其身份难以确定。水仙属专家大卫·韦伯（David Webb）对此持悲观态度："我怀疑，就算我用一辈子时间来研究这些植物，也无法编列一个真正令人满意的物种名录。欧洲水仙的起源已经因为长期栽培和反复野化而变得模糊不清，无法解释。"

"天使的眼泪"指的并不是天堂里的天使，而是当地一个名叫安格尔·甘切多（Angel Gancedo）的西班牙男孩。彼得·巴尔（Peter Barr）是一位水仙花爱好者，他在 19 世纪末将三蕊水仙（Narcissus triandrus）引入园艺栽培。安格尔在陡峭的山顶和炎热的阳光下采集这些球茎，回来的时候泪流满面。这个俗名就是因此而来。

芳香水仙（Narcissus x odorus）是一个杂交种，有个古老的名称叫作"铃铛花"（campernelle，意大利语为"小铃铛"）。在 19 世纪晚期，它在伦敦郊区被大量种植。到了 4 月，花朵会被运到科文特花园市场销售。遗憾的是，那里现在已不再是花卉市场了。芳香水仙的开花时间介于红口水仙和黄水仙之间，完美地填补了市场空白。

如果劳乌尔夫采集过这些 modaph 和 negries（我们的老朋友欧洲水仙）的标本，我们今天应该能在莱顿大学植物标本馆中找到它们。[1] 这些珍贵的标本从奥格斯堡经瑞典运往荷兰，17 世纪时被作为礼物送给瑞典女王克里斯蒂娜，后由她的继承人卖给了莱顿大学。劳乌尔夫于 1596 年死于痢疾，而这种病是他在与土耳其人作战时染上的，当时奥斯曼帝国与奥匈帝国正在匈牙利交战。讽刺的是，仅仅 20 年前，他还能在土耳其人的领土上自由旅行。

---

[1]　劳乌尔夫的标本集中确实有 2 份欧洲水仙标本，一份被标注为 Modaph，另一份被标注为 Negrieß。

67   在劳乌尔夫去世一年后，约翰·杰拉德出版了《本草全书或植物通史》
（*The Herball, or Generall Historie of Plantes*，以下简称《本草全书》）。这
本巨著收录了在园林中种植的药用和观赏植物，大大扩展了当时植物学作品
的范畴。杰拉德生活在 16 世纪末的伦敦，是一名持证的外科医生兼理发师。
当时内科医生、外科医生和药剂师分别属于不同的行会，接受不同的训练：
内科医生通晓希腊文和拉丁文，外科医生学习拉丁文和手术技术，而药剂师
则只是卖草药的，与杂货商类似。劳乌尔夫旅行归来时，杰拉德被任命为英
国财政大臣威廉·塞西尔勋爵（Sir William Cecil）的花园主管，这些花园中
收集了各种外来和本土植物。杰拉德在自己和伯利勋爵（Lord Burghley）的
花园里种植了很多水仙花，《本草全书》中就收录了 50 多个品种。像劳乌尔
夫一样，杰拉德也记录了重瓣品种，其中之一被称为"君士坦丁堡重瓣白水
仙"（double white daffodil of Constantinople）。书中写道："很多花卉球茎
被从土耳其专程送到英格兰，赠予尊敬的财政大臣，这个品种也在其中。种
在伦敦的花园后，它开出了美丽的花朵，重瓣的花朵洁白耀眼，花瓣中夹杂
着些许黄色，气味宜人甜美。但自那以后，我们费尽心思也没能让它再次开
花。"杰拉德对水仙花的描述非常诗意。他描述红口水仙时说，这种花"有一
顶黄色的小冠冕，边缘镶嵌着一圈宜人的紫色"。他显然对自己种植的植物
进行了仔细观察，同时也认真阅读了其他植物学作品。

　　约翰·杰拉德在世时享有很高的声誉：通过与财政大臣的关系，他为
皇室成员治病，并最终被任命为斯图亚特王朝的第一位国王詹姆士一世
的外科医生和药剂师。杰拉德于 1607 年被选为伦敦理发师外科医生公会
（Worshipfut Company of Barber-Surgeons）的会长，他也是该公会的考官
之一，负责保障外科手术行业的实践标准。内科医生和外科医生都使用草药，
杰拉德认为，要正确施行外科手术，对植物的扎实知识是必不可少的。杰拉
德的《本草全书》是伊丽莎白时代植物学的杰作，清晰、简明且逻辑合理。
他以一种标准格式描述每种植物，并试图将大量新发现与古代知识相结合。

很难想象伊丽莎白时代的园丁们看到这么多新奇的植物时会作何感想，这些植物远远超出了他们所习惯的希腊和罗马本草学家的命名体系。

　　《本草全书》用英文写成——在当时的植物学作品中并不常见——并且在很多年里被视为标准参考书。遗憾的是，这本书的出版过程中产生了一些不光彩的流言，约翰·杰拉德的声誉因此受损。很多后世的书籍都记载了这个故事，据说杰拉德拿到了一本接近完成的佛兰德本草书的英文译本，完成后添加了一些内容并重新排列了植物，然后将整个作品作为自己的作品发表。也就是说这本书基本上是剽窃他人的成果。还有传言说，杰拉德缺乏将插图

68

印度萨哈伦普尔（Saharunpore）植物园的画集据说是由当地艺术家绘制的本土植物，但这个画集中有产自欧洲的芳香水仙。这个例子告诉我们，有时候评估植物是本地种还是外来种非常困难。水仙花都是逃逸的大师，无论它们被栽培在哪里，都能非常轻松地归化。

与植物名称匹配的植物学知识，而这些插图来自一本较早时候出版的德国本草书；出版商购买了这些插图用于杰拉德的作品，类似做法在当时很常见。这个故事没有多少事实依据，因为杰拉德的植物学观察非常准确，尽管不符合现代标准，但绝不逊色于同时代的其他记载。流言可以追溯到《本草全书》第二版的编辑托马斯·约翰逊（Thomas Johnson）。1632 年，在杰拉德去世20 年后，约翰逊受新成立的药剂师公会（Company of Apothecaries）委托，修订了《本草全书》，部分原因可能是为了以该组织的名义出版权威著作，来确立该协会在草药治疗方面的特权。第二版前的"致读者"文中强烈批评了杰拉德的作品，并写下了未注明来源的剽窃指控。这一指控很可能来自佛兰德植物学家马蒂亚斯·德·洛贝尔（Matthias de L'Obel,），他在《本草全书》第一版与杰拉德合作。尚不清楚什么原因引起了洛贝尔的敌意，但嫉妒是许多争斗的根源。在那个时代，指责前作者的无能和名称使用不当是很容易的，因为知识积累是如此迅速，以至于作品在几年内就会过时，更不用说《本草全书》出版到修订之间已经过去了 30 年！今天回顾过去的植物学作品，很容易觉得作者对真实的自然一无所知；但也必须记住，他们的工作有时代的局限性，不能拿现代的标准去苛求古人。

当英国人在北美殖民时，欧洲花园中已种植了数百种水仙花。这些水仙花由贵格会（Quaker）园艺家约翰·科林森（John Collinson）引入北美洲东海岸。科林森不仅积极从新殖民地获取新的园艺植物，还向殖民者输送欧洲植物。植物的流通是双向的，这可能是历史上的常态。水仙花具有能够在冬季休眠的鳞茎，易于运输，非常适合长途海上旅行。水仙花的真实分布因此变得更加模糊难辨，加之栽培历史悠久，产生了很多不可思议的传播路径。其中之一就是在维多利亚晚期被称为"大帝"（Grand Emperor）的多花欧洲水仙品种。几十年前，这种水仙花被用作室内花卉，使用的是从中国花匠那里学来的技术，即将鳞茎放在仅装有水和石头的花器中，并促成其开花。这种植物经历了一次货真价实的环球旅行。欧洲水仙自 13 世纪起在中国栽培，应该是在更早

70

delin: March 20. 1765

黄水仙，被认为是包括
英格兰在内的欧洲大部
分地区的原生种，但由
于其悠久的栽培历史，
从花园中逃逸而扩展新
分布区的情况也相当常
见。埃雷特的精细笔触
展示了这种植物特有的
单生花和颜色较深的副
花冠，还可以看到鳞茎
的繁殖方式。

以前从欧洲的原产地引入的。从中国东部沿海移居美国西海岸的移民带来了重瓣的水仙品种①，随后它传播到了东海岸，最终在 19 世纪末期回到了欧洲。

伦敦及英格兰许多地方曾经有大片的野生水仙花，这些水仙花是北欧常见的黄水仙的一个变种。与许多其他水仙花类似，它们的历史相当模糊。在当地，它们被称为"大斋节百合"，并成为"水仙专列"的目标。这些专列载着大量伦敦人前往西部乡村，他们观赏黄色花海，并在农场门口购买花束。当地人也利用水仙花的扩散习性，在早春自己种植球茎，借此多挣一笔外快，这进一步增加了这些水仙花的种群规模。

滕比水仙〔*Narcissus obvallaris*，已归并入西班牙水仙（*Narcissus hispanicus*）〕在 18 世纪末被描述为一个野生物种，模式标本据说是采自牛津郡。关于这种植物的起源有很多神秘的传说，让它的形象带上了几分邪典色彩：有人说它的鳞茎是用威尔士煤炭跟腓尼基水手换取的，也有人说是由中世纪的修道士带来的，甚至可能是 12 世纪的佛兰德定居者带来的。但事实上，人们一直没有在世界上其他任何地方找到与滕比水仙相似的野生植物，这进一步增加了它的神秘感。直到最近，在西班牙的山脉中发现了与滕比水仙几乎相同的野生水仙种群。这种植物究竟如何到达威尔士仍然是个谜，但可以肯定的是，它不是威尔士的原生植物。

植物学家一开始就认为滕比水仙不是原生种，一个重要的线索是，威尔士的种群中有很多重瓣花和单瓣到重瓣的过渡花型。这些花本身有点像"嵌合体"，因为在某些季节或偶然情况下，重瓣水仙花会退化为半重瓣或单瓣，变化得非常随意。这种现象在栽培的水仙花中常见，但在野生种中罕见，所以滕比水仙看起来是由栽培逸为野生的种群。重瓣水仙的栽培历史很悠久，劳乌尔夫在叙利亚的阿勒颇看到了它们，并作为珍贵植物引入伊丽莎白时代的英国宫廷。并不是所有人都欣赏重瓣水仙，很多人觉得它们畸形，一位作者甚至将其描述为"粗俗的炫耀"。从生物学的角度来看也是如此，由于花

---

① 中国人称之为"玉玲珑"。

亚瑟·哈里·丘奇（Arthur Harry Church）的精确解剖画作清晰地展示了水仙花的副花冠如何从花管内表面生长出来，正是在花被片①与花管分离的地方，如此图所示的黄水仙，花管底部的花蜜被紧贴花柱的雄蕊保护着。

器官的异常发育，很多重瓣水仙无法用种子繁殖，也较难栽培，但这反而让它们在鉴赏家的手中更加奇货可居。重瓣水仙的逃逸也很常见，比如一种名为"范西恩"（Van Sion）的品种，最初由一位同名的佛兰德商人引入英国，现在已经逸出并在萨福克的草地上像本土植物一样生长。绝世水仙，在乡村花园中育成了被称为"黄油和鸡蛋"（butter and eggs）的重瓣品种，这种植物是黄水仙和红口水仙的杂交后代，很可能是在野外自然产生的，接下来成为归化植物，最终进入花园并进一步杂交，完全变成一种栽培植物。

　　水仙花具备令人难以置信的多变潜质，一直激励着育种者不断刷新纪录，创造出越来越多的颜色组合。过去的植物学家试图描述他们在水仙花中看到的丰富多样性，将许多栽培类型描述为物种，从而干扰了对野生水仙属植物的真正本质的理解。但植物也在帮倒忙，野生水仙中本来就存在许多自然杂交种。人类利用了这类植物的特性来创造多样性，以供自己享受。

————————————

① 水仙没有花萼和花瓣的区分。

仙人掌和多肉植物

一株愤怒的仙人掌对沉思中的花朵毫无益处。

这让它们非常生气——哦，远离，尽量远离。

《无稽之书》（*Book of Nonsense*），

默文·皮克（Mervyn Peake），1972 年

蓝色的仙人柱（*Cereus hexagonus*），种加词是"六棱"的意思。它的茎并不全然是六角形截面，四至七条棱都是正常的。这些棱沿着柱状的茎延伸，让茎得以在水分充足时膨胀，在干旱而必须使用水分储备时收缩。这些柱状的仙人掌科植物在其原生栖息地中能长成壮观的枝状烛台形态，十分引人瞩目。

沙漠生活对植物来说太残酷了。生长在世界各地沙漠中的植物，不仅要在大多数时间里应对水分极度匮乏的情况，还要忍受白天极高、夜晚极低的温度。这并不容易，但植物已经发展出多种方法来承受这些压力。有些植物是短命的，仅在春天降雨后的一周左右时间里快速生长并开花；有些植物把叶子变得很小，而且叶子只在很短的时间内出现；还有些植物拥有深入土壤、不放过任何一滴水的根系。适应干旱生境最引人入胜的方法之一是肉质化，这种形态的植物长期以来一直令爱好者着迷。肉质化出现在很多彼此亲缘关系很远的植物中，除了沙漠，在各种水分有限、需要节水的环境中都会出现。肉质植物最关键的特性是，它们不仅能寻找水源并防止水分流失，而且能在水源充足的时期储存水分，以备不时之需。减少水分流失的一种方法是抛弃叶片，因为叶片有气孔，植物通过气孔和外界交换气体，水分会从气孔中蒸发而流失。然而，如果植物抛弃了叶片，也就抛弃了用光合作用制

CEREUS, *erectus*
altissimus Syrinamensis.

造食物的器官，这并不是一个好主意。许多肉质植物已将光合作用的位置从叶片转移到茎，含有叶绿体的绿色肉质茎可以像叶片一样高效地进行光合作用。另一种节约水分的方法是最小化植物体表面积与体积的比率，同样体积的水，表面积越小，蒸发得就越慢。肉质植物可以分为三种基本类型：叶肉质植物，其叶片本身就是肉质的节水部分；根茎肉质植物，把水分存在地下的贮藏器官中；茎肉质植物，园林和沙漠中常见的仙人掌属于这一类。

茎肉质植物是趋同演化的一个经典例子，即在不同植物群体中，对类似问题演化出了结构上相似的解决方案。它们将表面积与体积的比降到了极致，许多茎肉质植物几乎是球形的，这是最大化储水能力的好办法。世界各地茎肉质植物之间的形态相似性令人惊叹，这些植物最兴盛的地方是美洲和非洲的沙漠。在这两个地区，你都可以看到巨大的枝状烛台形的植物，乍一看好像是同一种东西，但如果再仔细看，就能发现它们之间的明显差异。美洲以仙人掌为主，而在非洲则是大戟属（euphorbia）植物，那么植物学家是如何知道这些相似类型的植物不是近亲而是趋同的呢？答案来自系统分类的研究，这门学科通过植物身上所有特征的分布来研究它们之间的亲缘关系。如果只看外观轮廓的相似性，人们很容易被趋同演化所迷惑，但其实这些特征对系统分类来说并不是最重要的指标。

想想蝙蝠和鸟类。两者都有翅膀，但今天人们都知道，和鸟类相比，蝙蝠更接近其他哺乳动物。毕竟，蝙蝠与其他哺乳动物都具有幼崽胎生、拥有毛发以及哺乳行为等特征。生物学家称这些为共衍征（shared derived characters）。如果仔细比较蝙蝠和鸟类的翅膀，我们会发现，它们在细微结构上有相当大的区别。肉质植物也是如此，尽管它们整体轮廓相似，但只要观察得更仔细，差异就会呈现出来。两者都有能进行光合作用的、绿色的、肉质的茎，如果切开一个仙人掌，会有一种类似果冻的、黏液状的物质渗出；如果切开某些肉质大戟属植物，流出来的就是白色的乳汁。大戟属植物的乳汁是有毒的，例如，在西南非洲纳马夸兰地区，矢毒麒麟（*Euphorbia* virosa）的乳汁被用作箭毒。不过大多数大戟的毒性没有那么强，只是对黏膜有刺激性。肉质茎上乍看一模一样的刺，实际上是由完全不同的器官变化形成的：仙人掌的刺丛生在"小窠"（形状改变的茎节）上，其中最粗大的一根刺是特化的侧枝；而大戟属植物的刺是退化的叶子的刺状尖端①。只有在这两种植物的花朵上，我们才能真正清晰地看到，它们之间的关系确实很远。在大戟属植物中看起来像花朵的东西实际上是一个花序，一朵雌花和若干朵雄花被托在一个杯子里，植物学家称之为杯状聚伞花序。大戟科其他成员〔如多年生山靛（Mercurialis perennis）或一品红（Euphorbia pulcherrima）〕也具有类似的复杂花序结构②，这就是它们的共衍征。仙人掌和大戟属植物之间的区别如此之大，肉质化只是它们在地球不同地方解决类似问题的趋同方案。

仙人掌的花完全是另一回事。大戟属的花又小又不起眼，相比之下，仙人掌的花简直是在叫嚷着："快来看我啊，我多漂亮！"仙人掌科植物的花形态颜色千变万化，但基本结构都一样。它们都有下位子房，即花瓣从子房的顶部而不是从它下面长出，种子则生长在特

大戟属是开花植物中最大的属之一，全世界超过 2000 种。从家门口矮小的草本植物到非洲的巨大柱状肉质植物，变异范围之大令人惊叹。该属的学名来源于优佛波斯（Euphorbus），他是古罗马时代北非努米底亚国王朱巴（Juba）的御医。大戟属植物的乳汁有药用价值，但往往具有腐蚀性。

75

---

① 应该是叶子退化后，由托叶形成的刺。

② 只有大戟属具有杯状聚伞花序，山靛属的花序不是这个类型。

立中央胎座上。仙人掌科是石竹目的成员，这个类群过去被称为中心种子目（Centrospermae，意思是种子在果实的中心，且不和果皮挨着）。其他具有这一共衍征的植物包括马齿苋（purslanes）、美洲商陆（pokeweeds）和菠菜等。对于仙人掌来说，它们都是奇怪的亲戚。

石竹目的共衍征除了特立中央胎座，还有一种化学成分。因为所有这些看似不同的植物都产生一种叫作甜菜红素（betalains）的色素，其化学结构中有两个连在一起的氮原子①，它是甜菜红素呈现红色的根本原因。不同于其他花卉中产生红色的花青素，甜菜红更像是洋红色，或者浓艳深邃的粉红色。作为石竹目的另一个共衍征，甜菜红素告诉我们，仙人掌与美洲商陆的关系比与同样具有肉质茎的大戟属植物更近。

仙人掌植物具有大型的花，花的外围有很多花被片（当萼片和花瓣无法区分时使用的术语），颜色鲜艳而多变，如同彩虹一般。花中有大量的雄蕊，某些种类的雄蕊在被蜜蜂或手指触碰时，会自发地轻微摆动，这可能有助于将更多花粉涂在传粉者身上。从下位子房升起的花柱顶部是星形的柱头，通常是鲜明的绿色或黄色。

在所有仙人掌中，花最壮观的要数那些夜间开花种类。例如"夜皇后"（Queen of the Night）仙人柱，它的花蕾在日落时分绽开；到了午夜，盛开的花朵直径可达 20 厘米。它的香气甜美而浓郁，有人称之为"难以置信的体验"。这些花朵只开一个晚上，次日清晨，花被片就变得皱缩和枯萎。夜间开放的花朵通常会释放强烈的气味，吸引夜行的蝙蝠或蛾来传粉。在花被管的基部藏有大量的花蜜，对这些传粉者来说是宝贵的奖励。即使在早上花朵关闭后，也可以看到蜜蜂撬开枯萎的花瓣"捡漏"，采集营养丰富的花粉。这些壮观的夜间开花仙人掌要么是附生植物，在热带森林的高树上生长；要么是巨大的柱状植物，如亚利桑那沙漠中的巨人柱（*Carnegiea gigantea*）。为

76

① 原文为"一个氮分子"。甜菜红素的发色基团是偶氮结构，不是氮分子。

　　了让蝙蝠找到，它们的花朵需要长在高处且毫无遮挡。蝙蝠的回声定位很精确，但如果背景过于杂乱，效果就会大打折扣。

　　早期的探险家看到仙人掌的植株和花时，一定大受震撼，因此它们很快就被带到了世界各地。对欧洲的植物学家和爱好者来说，非洲的肉质植物也是一份巨大的惊喜。其中一种植物在初次采集之后就销声匿迹，导致拥有它的植物园长期被同行嫉妒。直到近一个世纪后，它才再次在野外被发现。18世纪末，奥地利皇帝约瑟夫二世（Joseph II）派遣了两位园丁，从维也纳附近的舍恩布伦皇家植物园前往南非，目的是采集新奇植物以供栽培。其中一位，弗朗茨·博斯（Franz Boos），于 1788 年带着一批植物返回维也纳，这些植物一部分是他本人在南非采集的，另一部分是从毛里求斯植物园的负责人那里获得的，毛里求斯也是他此行的目的地之一。另一位，乔治·肖尔（Georg Scholl），则带着其余的采集物留在开普敦，因为它们不适合装上博斯返回欧洲的船，这一待就是 10 年。在 1790 年代，维也纳又派出了另外两名采集者去获取更多的植物，并把肖尔带回欧洲。但是，这两人发现，他们乘坐的那艘船的船长打算去马拉加。"船长打算处置他们的方式不太公正"，这个说法简直是太轻描淡写了！再能吃苦的植物学家也不愿意被卖给摩尔人当奴隶，何况马拉加那地方也没什么植物可以采。结果肖尔还得在开普敦继续等着，直到 1799 年，才带着一船活植物安全返回舍恩布伦。博斯或肖尔带回了一株奇特的植物，具有肉质的块茎，能从顶部长出长达 4 米的细长藤蔓；10 月，藤蔓上开满灰绿色的花，覆盖着整个块茎，花瓣上点缀着棕红色。它从不结种子，也不能通过扦插进行无性繁殖。这株植物以不来梅的德国植物学家福克博士（Dr. Focke）的名字命名为 *Fockea capensis*（水根藤），它是独一无二的，是舍恩布伦的骄傲，也是其他所有植物园羡慕的对象。维也纳的植物学权威声称，这个物种已经灭绝，而这一棵是唯一的幸存者。直到100 多年后的 1906 年，在开普敦地区才发现了成百上千株这种植物的种群。水根藤仍然特别，但不再是独一无二的了。最奇妙的是，水根藤属来自另一个独立演化出肉质特性的植物家族，它是夹竹桃科的！

　　人类利用多肉植物有着悠久的历史。在 1 世纪，老普林尼记录了一种多肉植物，据说是在阿特拉斯山被努米底亚国王迪拜（Dubai）发现的，它的乳汁被用作药物。今天人们认为，普林尼所写的物种是白角麒麟（*Euphorbia resinifera*），这是一种原产于非洲的植物，有着带刺的蓝绿色四棱茎，分枝

Selenicereus hamatus (Scheidweiler) Britton & Rose

观察这些美丽的钩刺蛇鞭柱（*Selenicereus hamatus*）花朵绽放，你就会明白为什么它们被称为夜晚的女王。在黄昏时分，花瓣几乎是以肉眼可见的速度，一片接一片展开。它们开放后露出奶油色的雄蕊群，这些雄蕊弯曲着，准备把花粉刷在来吸食花蜜的蝙蝠或蛾身上。花朵气味甜美而浓郁，甚至让人头晕。

很多。第一个被欧洲科学家描述的多肉植物是一种非洲的大戟属植物，但奇怪的是，它的产地被记录成了印度东部的马拉巴尔海岸。17 世纪，源自东印度群岛的香料贸易蓬勃发展，荷兰人和英国人为争夺肉桂和肉豆蔻等东南亚香料的市场霸权而发生战争。当时，从东印度群岛带回的香料价比黄金，在码头卸货的工人必须穿没有口袋的特殊工作服，因为即使只偷几个肉豆蔻，也足以让一个人发财。

荷兰人和英国人在印度都有中转港口，船只会在绕过好望角的漫长而危险的航程前停下来补给。1669 年，驻扎在马拉巴尔海岸的荷兰总督亨德里克·阿德里安·范·里德·德拉肯斯坦（H. A. van Rheede tot Draakestein）向阿姆斯特丹的植物学家发送了他所收集的植物。其中有一种多刺的肉质植物，他认为是马拉巴尔海岸的本地种。直到 1915 年，绿玉树（*Euphorbia tirucalli*）才被确认起源于非洲。这种非洲植物是如何流落到印度的，是一个谜，也许是早期的旅行者掰了一枝，并出于兴趣把它种在了印度。一个半世纪后，采集者们从南非南部送回各种各样的肉质大戟，欧洲的博物学家和规模日益扩大的植物爱好者群体都为之感到高兴。也许正是在植物狩猎的全盛时期，收集肉质植物成为一种嗜好。这个嗜好最初只限于非常富有的人，毕竟派遣植物学家去全世界搜寻新鲜玩意的费用可不低。所幸多肉植物生命力顽强且易于繁殖，广大普通植物爱好者也能从中受惠。

多肉植物特别容易长距离移栽。它们适应干燥环境的能力，使它们能够进入一种休眠状态，停止消耗水分和营养，直到再次遇到能够生长的条件。许多美洲沙漠物种都是掌握这种技艺的大师，仙人掌在这方面尤为出色。在墨西哥西北部有一种闪耀圆柱掌（*Cylindropuntia fulgida*），俗称“跳跳仙人掌”，因为当行人穿过沙漠灌丛时，它分节的茎就像跳出来一样，挂在人的衣物和皮肤上。一段茎就能长成一棵新的仙人掌，这是一种非常高效的营养繁殖方式。人们利用这种能力，将仙人掌带到了世界各地。

在地中海地区，作为绿篱使用的仙人掌已经很常见，很多人甚至不愿相信仙人掌不是本地物种。西班牙殖民者可能直接把整片的仙人掌茎移栽到了这里，也可能是作为食物或药品引进的。在澳大利亚，缩刺仙人掌（*Opuntia stricta*）最初是被作为绿篱植物引进的，因为它比带刺铁丝便宜，并且能够自我繁殖。然而，超强的繁殖能力很快就从优点变成了一场噩梦。缩刺仙人掌在澳大利亚的干燥气候中茁壮成长，很快就形成了大片无法穿越的多刺灌丛。于是，仙人掌在澳大利亚变成了入侵物种。这次入侵最终通过引入原产

地的一种蛾子而得到了遏制。这种蛾子有一个恰如其分的名字：仙人掌螟
（*Cactoblastis cactorum*），其幼虫钻入仙人掌茎内，从内到外吃掉几乎所有
组织，让植物崩溃和死亡。不明智的生物防治往往会伤害到本土的原生植物，
但幸运的是，这种蛾子只吃仙人掌，因此没有导致不良后果。

79

弗朗西斯·马森
（Francis Masson）是
第一个在南非进行植物
采集的植物学家，他是
由英国国王乔治三世派
遣的。他是一位夹竹桃
科犀角属（*Stapelia*）
植物专家，在他之前，
欧洲植物学家对这类奇
特的多肉植物一无所
知，比如图中的毛犀角
（*Stapelia hirsuta*）。马
森在开普敦北部环境恶
劣的卡鲁地区收集了许
多犀角属植物，他在当
地的采集可能没有得到
荷兰当局的许可。

　　然而，并非所有多肉植物都具有仙人掌的再生能力。许多体形更接近球形的种类生长非常缓慢，这并不奇怪，首先水分非常有限，其次养分只有在溶解状态下才能供植物使用。强刺球属（*Ferocactus*）的植物具有单生的茎、强壮的纵肋，并以看上去非常凶猛的刺而得名，它们需要几十年才能性成熟，开花并结出果实。这种缓慢的生长也常见于其他肉质植物，是这些植物在原生的严酷气候中持久生存的重要"策略"。1935 年，舍恩布伦植物园中的那株水根藤仍然在开花。自从 18 世纪被带到维也纳以来，它的大小并没有明显变化。

80

81

　　紧凑的株型和可爱的花，使仙人掌和其他多肉植物受到越来越多人的喜爱。对特定植物群体的兴趣最开始都很小众，但兴趣存在，市场就存在。过去，仙人掌市场主要靠采集野生植物供应。20 世纪初出版了一些书籍，激发了人们对仙人掌和多肉植物的兴趣。当时的作者鼓励人们自己出去采集标本，甚至标出了能采到稀有种类的地点。今天我们掌握了更多栽培多肉植物的知识，但要使仙人掌（特别是那些小型的，单生茎的种类）达到性成熟，仍然需要很长时间。"把植物种到开花结果"是所有爱好者的目标，无论植物营养体（根、茎和叶）的形态多么奇妙，都无法取代花朵开放所带来的满足感。肉质大戟属植物、夹竹桃科植物和仙人掌的花都很有意思，但仙人掌强壮多刺的身躯与鲜艳夺目的花之间形成了鲜明对比，格外独特。

　　在墨西哥，野生仙人掌仍然受到过度采集的严重威胁，但和 100 年前不同，现在的采集已经是商业规模的了。俗称"刺猬仙人掌"（hedgehog cactus）的一种银钮属（*Echinocereus*）仙人掌，由于栖息地就在路边，"已经被鼠目寸光的采集者扫荡一空"[1]。其他更稀有的仙人掌遭遇了更糟糕的命运。一个俗称"松果仙人掌"（pinecone Cactus）的濒危物种[2]的野生种群正

---

[1]　按照 IUCN 红色名录，银钮属有 5 个物种濒危，1 个极危。

[2]　武士掌属 *Tephrocactus*，常用商品名是"武藏野"和"姬武藏野"。该属有一个濒危种，球节武士掌 *Tephrocactus bonnieae*。

在被逐个摧毁："对这个物种生存的最严重威胁是野外采挖。在 20 世纪 60 年代，一名采集者开着一辆大卡车来到该物种的分布区，并雇佣当地居民，把山上所有能见到的植株都挖走了。在过去的 20 年里，进一步的反复采挖已经完全摧毁了那个种群。有充分的证据表明，在另一个地点也发生了类似的系统性灭绝行为……仙人掌贩子定期开着卡车来到山上，采挖大量的仙人掌。除了目标种，其他有商业价值的仙人掌也被顺便挖干净了……"

梨果仙人掌（Opuntia ficus-indica）的扁平茎看起来像是厚厚的肉质叶子，但它们实际上是茎，具有储水和光合作用的功能，让仙人掌得以在恶劣的环境中生存。真正的叶子只在生长季节由新茎段上产生，很小，形状像锥子，并且很快脱落。

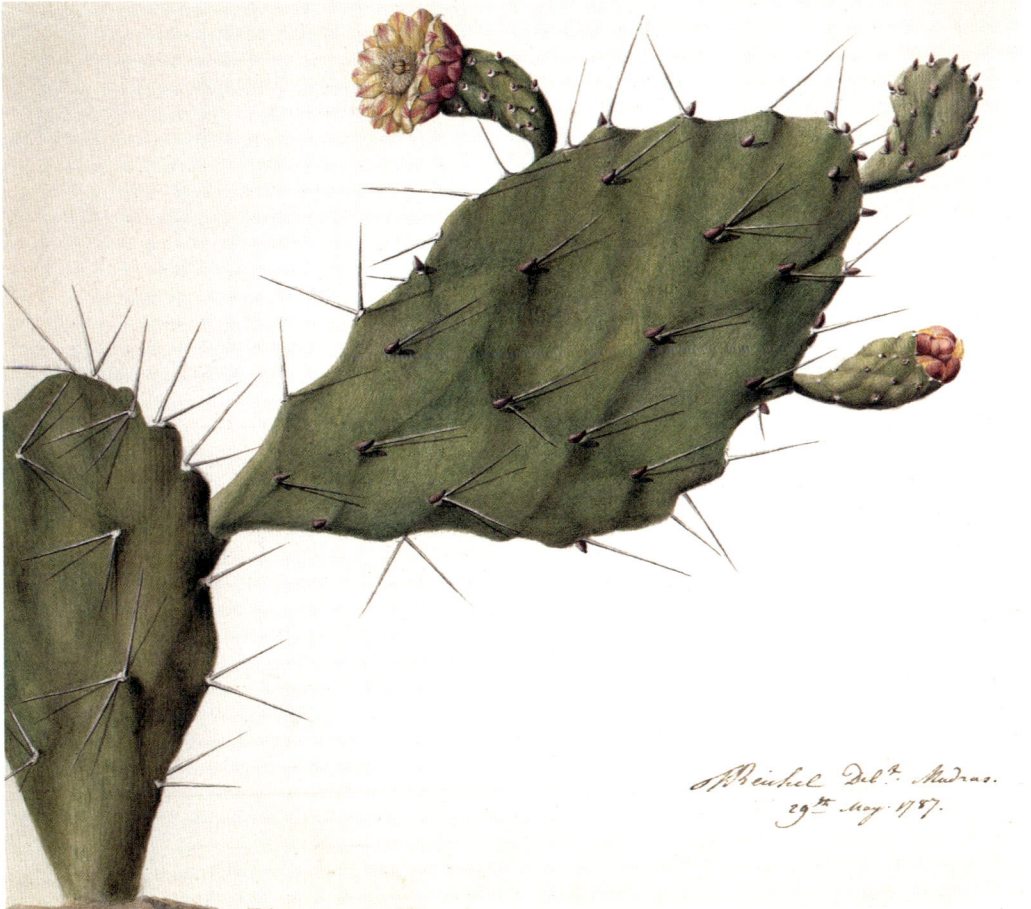

三角量天尺（*Selenicereus triangularis*，商品名为大虁。原文的 *Hylocereus triangularis* 是异名）是火龙果的野生近亲，果实的洋红色来自甜菜红素，这是一种只在仙人掌及其近缘植物（比如甜菜）中发现的色素。甜菜红素的结构是偶然发现的，当时是为了检测葡萄酒是否被掺入深红色的甜菜汁，以使其颜色更浓。通过检测甜菜碱中特有的氮元素，这种造假手法很快就被制止了。

一些微小的岩石仙人掌①已经被采挖到了濒临灭绝的边缘。它们生长非常缓慢，且难以从种子中繁殖。理所当然，出于爱好的收藏不应该导致物种的灭绝，因为这与初衷背道而驰。对于一些最稀有的仙人掌，越来越多的爱好者选择栽种人工繁育的植株。对野生种群的掠夺有可能因此成为历史，但现状依然严峻，因为类似的掠夺也发生在非洲的肉质大戟和肉质夹竹桃科植物身上。

保护我们所爱的东西确实需要意志力，这种意志力是把一个物种留在其自然栖息地，让它自由生长的强烈意愿。也许下一代仙人掌和多肉植物爱好

① 指岩牡丹属 *Ariocarpus*，该属所有物种都列入 CITES 附录 I，国际贸易受到极其严格的管理。

者会成为今天的观鸟者。观鸟者是博物学爱好者的典范，他们走遍世界，寻找稀有物种，但并不需要拥有所见的任何一种鸟的实体。在未来，人们也许会普遍接受这样的观念：看到一株植物在其栖息地中开花的景象，比拥有这株植物更加激动人心。这是植物猎人精神在 21 世纪应有的新面貌。

木　兰

她的眼珠子是一味的淡绿色，不杂一丝儿茶褐，周围竖着两撇墨墨
的蛾眉，在她那木兰花一般白的皮肤上，划出两条异常惹眼的斜线。就
是她那一身皮肤，也正是南方女人最喜爱的，谁要长着这样的皮肤，就
要拿帽子，面罩，手套之类当心保护着，舍不得让那太热的阳光晒黑。

——《乱世佳人》（Gone With the Wind）[①]，

玛格丽特·米切尔（Margaret Mitchell），1936 年

美国南北战争前的南部地区，其奢华乃至颓废，都凝聚在那乳白色的木
兰花瓣中。像《乱世佳人》中的斯嘉丽·奥哈拉这样的南方佳丽们，为了保
持她们那木兰花般的肤色费尽心思。但最终，维持她们生活的社会像木兰花
（magnolia）那肉感而芳香的花朵一样，衰败并消失了。

　　木兰类的植物在地球上已经存在了很长时间，可以追溯到恐龙时代。古
生物学家在白垩纪（距今 1.44 亿至 6500 万年前）的地层中，发现了木兰类
的化石。这些化石是在美国西部发现的，有将近 1 亿年历史，化石中的花朵
与今天的木兰惊人地相似。木兰类是被子植物，或者说开花植物的起源和早
期演化理论的核心。人们曾经设想了两种最原始的花，一种类似木兰，花朵

这幅荷花木兰（*Magnolia grandiflora*）鲜明的画面得益于羊皮纸的使用，它的乳白色调和特殊质地能够捕捉到在普通纸张上无法呈现的丰富层次感和细节。自然博物馆的藏品中，这是我极为喜爱的一件，它展示了乔治·埃雷特的卓越观察力。他的植物画不仅仅是单纯地描绘植物，更是对理想生物体的深入研究。

———————————————
① 傅东华译本。

中有很多并未完全分化的器官呈螺旋状排列，并且既有雄蕊也有雌蕊；另一种是小而简单的单性花，很可能是风媒传粉的，就像今天的禾本科植物[①]。尽管这两种学说之间曾经存在激烈的争议，但随着时间的推移，木兰学说[②]逐渐被接受，直到出现了更精细的分类和确定生物之间演化关系的方法。这些方法被称为支序分类学，让植物学家抛弃先入为主的类群观念[③]，依据植物本身的特征和特定的数学方法构建它们之间的演化关系，再根据演化关系重新划分类群。阅读 DNA（所有细胞生物都具备的遗传代码）的核苷酸序列的技术，使植物学家能够更深入地探索演化关系。这些技术也被用来研究地球上最早的花到底长什么样的问题。植物学家发现，最早的花可能根本不像木兰，而是更简单。基于 DNA 的研究表明，木兰及其近亲确实是现存最古老的开花植物类群之一，但经过了上亿年的演化，它们的花已经变得相当特殊。

　　地球生命的演化历史上，开花植物的繁盛与昆虫的繁盛有着密切的联系。昆虫是地球上数量最庞大的生物群体之一，而在昆虫中，甲虫的种类和数量又是最多的。英国著名生物学家 J.B.S. 霍尔丹（J. B. S. Haldane）曾幽默地评论说，如果上帝真的存在，那他一定对甲虫有着特别的偏爱。甲虫与木兰之间有着特殊的联系，它们被浓郁的花香所吸引，在花朵间穿梭，笨拙地吸食富含蛋白质的花粉以及花瓣和雌蕊群分泌的液体，不经意间就把花粉沾满全身。当甲虫飞向另一朵木兰花时，花粉也被传递了过去，从而实现了授粉。植物与动物一样，也进行有性生殖，但它们不能主动寻找配偶，而是依赖其他生物（如木兰花依赖甲虫或其他昆虫）帮助完成这一过程。最理想的情况是，一株植物的花粉被传递到另一株同种植物上，这个过程称为异花授粉。然而，如果一只浑身沾满花粉的甲虫在花间穿梭，植物是如何避免自花授粉的呢？许多木兰科植物通过雄蕊和雌蕊在不同时间成熟来避免这一问题，也

[①] 这个类比欠妥，禾本科的花其实相当复杂。这种学说所认为的原始单性花是像杨柳科、桦木科那样只有雌蕊或雄蕊，没有花被片。

[②] 正式的说法是真花学说或毛茛学说，与之对应的是假花学说或柔荑学派。

[③] 比如"双子叶植物"和"单子叶植物"。

在绘制上面那幅荷花木兰画作之前，埃雷特画了这幅草图作为蓝本。在完成品中，花朵显得完美无瑕，但在这幅草图上，我们可以看到自然环境对一片花瓣造成的影响。以某种方式来看，这幅草图比精致的羊皮纸画作更具有真实感和生命力，因为它对活体样本进行了极其精确的描绘。

就是说，一朵木兰花在开放过程中会经历雌性阶段和雄性阶段。

这些花朵因硕大、芳香和异域风情，长久以来一直令园艺爱好者深深着迷。第一批来到欧洲的木兰，可能于 17 世纪晚期从今天的美国南部运抵英国。随着英国人对北美洲东海岸的殖民，新的疆域被开拓的同时，欧洲的花园也有了新的植物来源。伦敦及北美殖民地主教亨利·康普顿（Henry Compton）利用自己的影响力，派遣年轻人前往新大陆的殖民地，既传教也为他位于富勒姆宫的花园收集植物。1688 年，其中一位名叫约翰·班尼斯特（John Banister）的人寄回了一棵独特的常绿树，它有着巨大和乳白色的花，散发着甜美的香气。尽管康普顿主教进行了精心的盆栽养护，但英国阴冷的气候令它始终生长不良。植物学家兼艺术家马克·凯茨比于 1710 年前往卡罗来纳，并在 9 年的时间里采集和绘制了他在这片新大陆上发现的植物。他的研究成果以《卡罗来纳植物志》（Flora Caroliniana）的形式出版，其中包括了沼泽湾。这种野生的木兰生长在美国东南部皮埃蒙特地区的沼泽或湿地中，

85

令人赞叹的荷花木兰，在英国海军大臣查尔斯·韦杰爵士的帕森斯格林花园中首次绽放。这一盛事在植物学界引起了广泛关注，包括植物艺术家乔治·埃雷特。他每天从切尔西步行至帕森斯格林，往返约4公里，精心观察并绘制了花朵从初现花蕾到盛开如奶油色瓷盘的每一个生长阶段。

弗吉尼亚木兰是从北美引入欧洲的首批木兰科植物，于1688年在伦敦主教亨利·康普顿的富勒姆宫花园中种植。将这种木兰带回给康普顿主教的人，可能是被他派遣到新大陆的约翰·班尼斯特牧师。

今天仍然可以见到，但对于那些习惯于在花园中观赏木兰的人来说，它们看起来可能有些违和。凯茨比将这种木兰的树叶描述为"正面苍绿色，背面白色"，这一特征在画作中很容易表现。

现在我们知道，这种木兰叫作弗吉尼亚木兰（*Magnolia virginiana*），它是著名植物学家卡尔·林奈命名的。种加词"virginiana"意在纪念它的原产地——弗吉尼亚和卡罗来纳地区，而属名则是为了纪念法国胡格诺教徒皮埃尔·马格诺尔（Pierre Magnol，1638-1715）。马格诺尔在早年遭受了法国政府的严重迫害，但最终成为法国南部蒙彼利埃植物园的园长。他受到了包括查尔斯·普卢米耶（Charles Plumier）在内的同时代人的极大尊敬，普卢米耶是最早发表美洲植物的植物学家之一，他在1703年以马格诺尔（Magnol）的名字命名了一种来自西印度群岛的壮丽植物（即北美木兰属的属名 *Magnolia*），以纪念其对植物学的贡献。

我们今天使用的物种命名体系源自卡尔·林奈在1753年发表的《植物种志》（*Species Plantarum*）。这本书被视为所有生物的命名法规的起点，在此

87

86

之前的方法则不再沿用。林奈在他的命名体系中使用了许多早期植物学家（如普卢米耶）创造的名称。马格诺尔在林奈构思他的世界植物分类系统之前很久就已经去世，但他将植物归类成不同科的想法对年轻的林奈产生了深远的影响。林奈拥有马格诺尔所著的蒙彼利埃地区植物名录，并将其奉为植物编目的典范。林奈采用了普卢米耶的属名"Magnolia"，并以当时在欧洲花园中常见的荷花木兰作为该属的模式种。普卢米耶最初描述的那种产自西印度群岛的木兰科植物[①]并未获此殊荣，因为林奈对它了解甚少。就这样，法国植物学家马格诺尔的名字与最迷人的木本花卉之一联系在一起，这是何等的荣耀啊。[②]

毛叶天女花（*Oyama globosa*，原文为 *Magnolia globosa*），分布于中国西南至印度，最早于 1849 年在锡金（今印度锡金邦）由约瑟夫·达尔顿·胡克（Joseph Dalton Hooker）采集。约瑟夫是邱园皇家植物园园长威廉·胡克爵士之子，他前往喜马拉雅山脉的探险之旅，旨在为邱园收集植物。[③]

① 这种植物应该是现在被置于盖裂木属的十二瓣盖裂木 *Talauma dodecapetala*。

② 在最新的分类系统中，全体种子植物被称为木兰亚门 Magnoliophytina，因此可以说，马格诺尔拥有为所有种子植物冠名的荣耀。

③ 这幅图画的不是毛叶天女花，而是夜香木兰（*Lirianthe coco*），绿色的外轮花被片是其识别特征。

在北美的原生环境中，木兰是乔木，有时体型相当庞大。许多南方种植园的宅邸前都有笔直的长车道，两侧排列着巨大的、外观暗绿的荷花木兰。这是第二种被引入欧洲的北美木兰。孩子们在低垂的树枝下玩耍，他们嬉戏的空气里充满了浓郁的香气。这个物种的花朵巨大如盘，令人称奇。到了 17 世纪末或 18 世纪初，它也出现在伦敦主教和博福特公爵夫人的花园中。

1731 年，切尔西药用植物园的园长菲利普·米勒对这种壮丽的植物赞不绝口："我认为它是美洲最美丽的树木之一，它们通常生长在沼泽森林中，能长到 18 米或更高。有人告诉我，这些花非常大，呈乳白色，香气浓郁。从 5 月到 11 月，它都非常美丽，叶子始终保持绿色，在冬天依然能提供优雅的景观。由于它们足够耐寒，能够在英国的气候中露天生长，我相信在几年内我们将有幸看到它美丽的花朵，因为有几棵树已经被种植在伦敦附近一些好奇的人的花园里。我们必须逐渐增加引进这种树的活体数量，因为在欧洲的播种试验都没有成功。荷花木兰目前在英格兰非常罕见，尽管以前在伦敦主教位于富勒姆的花园和博福特公爵夫人位于切尔西的花园中种了几棵，但都已经死了。"

到了 1759 年，米勒在德文郡埃克斯茅斯的约翰·科利顿爵士（Sir John Colliton）的花园中亲自见证了荷花木兰的盛放。科利顿爵士庄园中的木兰树是米勒所知最大的一棵，它作为"埃克斯茅斯木兰"（Exmouth Magnolia）被载入史册。科利顿爵士去世后，他的花园多次易手，通常作为租赁财产。园丁们常常用压条法来繁殖，因为它一直不能可靠地产出果实或种子。最终，这个花园落入了一位埃克斯茅斯商人的手中，他派人去花园砍掉一棵苹果树，结果这棵壮观的木兰树被误砍了。它长久而显赫的生命就此终结，其时树干直径已经达到了 46 厘米。镇上的居民记得，这棵树曾被脚手架围绕，脚手架上放着木盒子，里面正在进行压条繁殖。埃克斯茅斯镇的纹章表达了对这棵木兰树的纪念——一座坚固的塔楼，两侧装饰着木兰树的叶子和花朵。纹章上的格言"Mare ditat flores decorant"（使大海充实，用花朵装饰）象征着英格兰西南部这些港口城镇的昔日辉煌。

虽然最初引入欧洲的木兰来自北美，但我们今天在花园里常见的却是亚洲木兰（*Asian magnolias*）。数千万年前，木兰的祖先广泛分布在北半球的超级大陆劳亚古陆（Laurasia）上，后来这个大陆分裂并漂移形成了今天的北美和东亚。如今，木兰科植物在这两个地区都有分布，呈现出一种被称为地理间断的分布模式。许多植物都有这种分布特征，比如一组物种在卡罗来纳州，另一组亲缘关系很近的物种在中国，但两者之间没有过渡。亚洲木兰的花朵与北美的木兰非常相似：都有大型、肉质的花瓣，围绕着许多肉质的雄

89

中文中的"木兰"，意思是"木本的兰花"①。其中一种，辛夷（*Yulania liliflora*，原文为 *Magnolia liliiflora*）具有紫色的花朵，在叶子长出之前就绽放于枝头，具有类似兰花的优雅视觉效果。辛夷在野外并不常见，而在中国和日本已有数百年的栽培历史。这种灌木易于盆栽，常被用作其他木兰品种，如白玉兰（*Yulania denudata*）的矮化砧木。

---

① 木兰一词，原本指的并不是木兰科植物，而是樟科植物。它的本义是"木本的兰草"，即有香味的树。该词的指代对象大约在唐朝转移。

蕊和离生的雌蕊。然而，它们在叶子上有重要的区别，这对园艺爱好者来说很重要。许多亚洲木兰秋季落叶，春天叶子长出之前就开花了，这意味着人们可以不受遮挡地欣赏到花朵的全盛之美。并非所有亚洲木兰都是落叶性的，但正是这些落叶木兰及其繁衍出的杂交品种，为我们的春日花园增添了优雅。

　　中国的传统医学因广泛使用植物药材而闻名，古老的本草书中已经提到了木兰，这些著作远早于欧洲的本草学书籍 [①]。中国人将木兰的厚树皮用作药材，并食用其花瓣。11 世纪的本草书（北宋苏颂编撰的《图经本草》）提到了三种木兰（或玉兰），其中至少有一种栽种在皇帝的花园中。佛教寺院里也经常栽培玉兰，它还作为纯洁和诚实的象征出现在早期的瓷器上。19 世纪的英国作者认为，中国人自 627 年起开始栽培玉兰（时间上没法追溯到十分精确，但唐朝初期是没问题的）。中国古代画作和瓷器所描绘的具体是哪种玉兰，可能永远无法确定。直到今天，多种玉兰花蕾的混合物，仍在许多亚洲国家用于治疗头痛、感冒、发热和过敏，药材名是"辛夷"。从这些花蕾中提取的化合物具有抗炎和抗过敏功效，因此这种药材的功效有一定的科学依据。

　　这些迷人的落叶木兰究竟是何时被引入欧洲的，尚无定论。据传是著名的植物学家、皇家学会会长、英国科学界的顶尖人物约瑟夫·班克斯爵士安排人引进了一种枝头挂满乳白色花朵的木兰。虽然具体时间不详，但可以确定的是，班克斯在 1791 年安排出版了一些由恩格尔伯特·肯普弗（Engelbert kaempfer）绘制的画作，这些画作描绘了所谓的日本木兰，但只标注了日本名称。其中实际上包括了多种中国和日本的栽培木兰，我们可以从中分辨出白玉兰、辛夷和日本辛夷（*Yulania kobus*）。日本和中国之间密切的早期贸易，使得 18 世纪的植物学家对许多亚洲植物的起源感到困惑。这些植物虽然常通过日本引进，但实际上原产于中国。"*denudata*"这个种加词反映了它们在春天叶子长出之前就开花的习性；1778 年，一位法国作者将其形象地描述

90

---

① 中国最早的本草书是《神农本草经》，成书于东汉年间，与迪奥斯科里德斯的《药物志》（1 世纪）时间相近。

为"一棵光秃秃的胡桃树，每根枝条末端都有一朵百合花"。

　　尽管在开花时容易受到倒春寒的影响，但这些亚洲木兰仍能够耐受欧洲的冬季。毫不意外，它们超越了常绿的北美木兰，成为更受欢迎的树种。另一种中国木兰辛夷，也在 18 世纪晚期被引入栽培，以其深紫色、直立且几乎闭合的花朵而闻名。拿破仑·波拿巴之子欧仁亲王的重要内阁官员艾蒂安·苏兰日 - 博丁（Etienne Soulange-Bodin），将这个物种与班克斯引入的白玉兰杂交，培育出的后代成为可能是迄今为止最广为栽培的木兰。二乔玉兰（*Magnolia x*

二乔玉兰是由两种珍贵的亚洲木兰杂交而成的，母本是白玉兰，父本是辛夷。艾蒂安·苏兰日 - 博丁在巴黎附近的法国皇家园艺研究所首次培育出了这一品种，而同样的杂交种也在日本培育成功。二乔玉兰以其耐寒性和融合了双亲之美的特点，成为全球最广泛栽培的木兰之一，衍生出了数百个品种。

soulangeana）比其双亲的开花时间都晚，因此避免了霜冻对脆弱花朵的破坏。

　　如果要问栽培木兰中的王者，我属意的是滇藏玉兰（*Yulania campbellii*，原文为 *Magnolia campbellii*），这是一种来自锡金和不丹王国的山地物种。查尔斯·达尔文的好友、皇家植物园邱园首任园长威廉·胡克的儿子约瑟夫·胡克，在锡金目睹了整片山坡被这种植物的花朵染成粉红色。这种植物以大吉岭康养小镇最早的负责人阿奇博尔德·坎贝尔医生的姓命名，以感怀他对来到此地寻找未知植物的年轻探险家的帮助。滇藏玉兰的花朵有小孩头那么大，呈乳白色或淡雅的粉红色。它们生长在无叶的枝条末端，外轮花被片呈杯状和碟状，而内层花被片围绕雌雄蕊群竖起，形成一个圆锥形。这种植物几乎不会在 20 岁以下开花，因此园艺家必须对之抱以充分的耐心。在胡克前往锡金的旅程中，滇藏玉兰还很常见。遗憾的是，这种树木经常被当作薪柴和木材砍伐，尤其是长期以来一直被用于制作茶箱，在英国殖民地茶叶产业的鼎盛时期需求量很大。如今，滇藏玉兰在其原产地变得相当稀少，因此我们要感谢早期的植物猎人引入了这个珍贵的物种。

　　继胡克之后，众多植物学家深入东亚的森林，寻找适合欧洲园林的植物。从娇嫩易逝的星花玉兰（*Yulannia kobus* var. *stellata*），其众多的细长花瓣和甜美的香气，在北半球的许多花园中预示着春天的到来；到更为强健、花朵低垂、雄蕊鲜红的西康天女花（*Oyama wilsonii*），许多亚洲木兰被引入我们的园林。植物育种家和木兰爱好者基于这些最初的引进物种，培育出众多新品种，它们在北温带气候较温暖的地区广泛种植（所有木兰都不耐霜冻）。

　　我们为何要种植木兰呢？它们需要数年时间才能开花，肉质而精致的花瓣一旦遭遇霜冻就会受损，但它们依然令人着迷。中国、美国、韩国和日本都在栽培和选育木兰品种，目的是培育出更加壮观的花朵。这些花朵的巨大尺寸和惊人的质地，以及它们与恐龙共存的祖先，将使木兰在未来数个世纪继续成为我们花园中的一分子。同时，木兰花以其转瞬即逝、短暂而珍贵的特质，继续俘获着我们的想象力，提醒我们珍惜生命中的每一刻。

木 槿

他用另一只眼睛看到一名男子坐在朱槿花丛旁，那张脸与照片中的相同，只是年长了些。蒂姆·肯德尔已经听过少校讲述的故事，并且注意到少校已经认出了那个人。因此，他自然觉得有必要除掉他。

——《加勒比海之谜》（*A Caribbean Mystery*），
阿加莎·克里斯蒂（Agatha Christie），1964 年

花朵常与爱情和浪漫联系在一起。花语是通过象征来传达特殊含义的一种语言，其中许多与恋人之间的信息相关。在所有象征爱情的花卉中，朱槿（hibiscus）那丝滑的红宝石色花朵能让人产生最为奢华的联想。这得益于保罗·高更（Paul Gauguin）那些色彩鲜明的印象派画作，他描绘了塔希提岛的女性和社会生活。高更的画作展现了一个没有隔阂、充满活力与爱的世界，这与他北欧故乡那个规行矩步的社会形成了鲜明对比。

朱槿花让人立刻联想到炎热潮湿的热带地区，因为它呈现出的热情似乎与北方不太搭调。据说夏威夷有一个习俗，人们将朱槿花戴在耳边来传达某种信息：左耳佩戴红色朱槿，表示正在寻找爱情，而右耳佩戴则意味着已有爱人。两边耳朵都戴呢？那就不得而知了。在马来西亚，朱槿被称为"花中之王"，它所在的木槿属（*Hibiscus*）的多个种类分别是马来西亚、牙买加、

这幅画作中记录了朱槿在孟加拉语中的俗称：orhool。朱槿在欧洲被称为"中国玫瑰"，人们长久以来以为它原产中国，而它确实也是从中国传入欧洲的。但实际上，朱槿很可能是一个人工培育的杂交种，它的祖先应该生活在印度到太平洋之间的某个地方。

93

Hibiscus. Rosa Sinensis.
Flos vertualis. Rumph. 4. p. 2. 4. 3.
Shern poole. Rheede 2. p. 25. 4. 1.
School. Bengal.

韩国的国花和美国夏威夷州的州花。我们想到的与保罗·高更和塔希提岛相关的红色花朵正是朱槿（*Hibiscus rosa-sinensis*），种加词的意思是"中国玫瑰"。木槿属与玫瑰家族（蔷薇科）关系并不密切，它实际上是棉花家族（锦葵科，Malvaceae）的一员。棉花家族的植物具有一个典型特征，花心有一根似五月柱的花哨柱子。这种构造是由花丝（雄蕊中支撑用于产生花粉的花药的丝状结构）融合成一整根管子而形成的。从这个管子上伸出的金色尖刺就是花药。花丝长度不同，使得花药沿着管子陆续伸出，有时都聚集在尖端，有时则分散在整个表面上。在花丝管内部是雌蕊的花柱，顶端有分枝，每个分枝成熟时都带有圆形、具有众多乳头状凸起的柱头，看起来就像一个个毛茸茸的沙滩球。木槿属植物是雄蕊先熟的，花粉从花药释放时，雌蕊并未成熟，并被包裹在花丝管内；花粉释放完毕后，随着花柱伸展，柱头从花丝管中探出，并伸展开来准备接受花粉。这有助于避免自花授粉，并促进遗传重组。从进化的角度来看，这总是有益的。

94

朱槿的形象与南太平洋紧密联系在一起，彰显了古代波利尼西亚人卓越的航海技术。早在欧洲人到达这里的数千年前，他们就已经将狗、鸡、面包果和香蕉等禽畜和作物带到了热带太平洋的各个角落。这种植物在中国的栽培历史远至基督诞生前几个世纪，人们称它为扶桑，源自东方海上的神秘岛屿生长的一种巨大的树木，传说其果实能让人长生不老[①]。或许它真的源自太平洋，因为东方的海域确实指向了这一可能性[②]。朱槿的起源已无从考证，鉴于其悠久的栽培历史和全球的广泛分布，这些起源的证据很可能永远找不到了。朱槿属于木槿属（genus）中的朱槿组（section *lilibiscus*），这个分支的所有成员都分布在太平洋的岛屿上，从印度洋的马斯克林群岛和马达加斯加到遥远的夏威夷。除了广泛栽培的朱槿以外，其他物种都是岛屿特有种。岛

---

① 朱槿的这个别名和传说中的巨树"扶桑"没有任何关系，它是"佛桑"的讹误，因为它常被用于佛教仪式，并且叶子像桑树。

② 朱槿是跟随上座部佛教传入中国的，时间不早于两汉，路线应是从东南亚到两广地区。

屿特有种对于关心我们星球上物种未来的人来说具有特殊意义。由于岛屿与世隔绝，生境脆弱，它们的命运岌岌可危，这或许预示着如果继续沿着当前的破坏性道路前进，我们自己也将面临类似的境遇。岛屿是孕育着特殊生物的特殊生境。由于与大陆种群隔离，岛屿上的生物逐渐演化成了特有的物种。在没有天敌的环境中，它们还可能发展出不同寻常的行为，而在大陆上，天敌会对它们施加自然选择的压力。太平洋许多岛屿上缺乏陆地掠食者，这使得许多鸟类可以安全地在地面筑巢。然而，当老鼠从过往的

95

（左）大麻槿（Hibiscus cannabinus）因其形似大麻的叶子而得名，并且，像大麻一样，大麻槿也产出质地优良的纤维。大麻槿曾作为主产印度的黄麻（Corchorus capsularis）的替代物被广泛种植，因为它能在更多类型的土地上生长，不需要很多照料且长得飞快。

（右）咖啡黄葵（Abelmoschus esculentus）并非新大陆的原生植物，这与过去一些植物学家的看法相矛盾。埃雷特在这幅画的标签上将其标注为"图尔内富特所说的叶子像无花果的木槿，但果实比木槿长得多，可能源自巴西"。这种植物源自东非，由黑人奴隶引入新大陆，并在当地烹饪文化中占据了一席之地。尤其是作为路易斯安那州传统炖菜秋葵汤的关键成分。

Hibiscus cannabinus L.

Ketmia Brasiliensis flore folio
fructu longiore Tourn.

96

船只上登岛时，这一原本安全的行为就变成了危险的，一些鸟类因此灭绝。加拉帕戈斯群岛的象龟（Galapagos tortoises）曾被海盗大量捕食，而渡渡鸟 (dodos) 在毛里求斯遭遇了更加悲惨的命运。

　　岛屿上的植物同样面临风险。首先，岛屿的土地面积有限，夏威夷群岛中的考艾岛面积有 1433 平方公里，而马斯克林群岛中的罗德里格斯岛仅有 109 平方公里，这样的面积难以支撑大量木本植物的种群。其次，有些物种是特定岛屿的特有种，其他地方都不存在。例如，朱槿的近亲斐济扶桑（*Hibiscus storckii*），曾分布于斐济岛，现已灭绝。20 世纪 90 年代末，百合花扶桑（*Hibiscus liliiflorus*）在原产地罗德里格斯岛上仅剩 3 株，灭绝似乎已成定局，尽管人工繁育和野外回归已将种群数量增加到超过千株，前景仍不乐观。如果要展示人类如何迅速破坏一个小岛的生态环境，罗德里格斯岛是一个很好的例子。1708 年，弗朗索瓦·莱加特（Francois Legat）首次来到这个无人岛时，他形容它为一个"泉水永不枯竭"的郁郁葱葱的天堂。随着人们来到岛上定居，他们开始按照自己的意愿改变这片土地。仅仅过了不到200 年，英国植物学家艾萨克·贝利·巴尔福（Isaac Bayley Balfour）就把这里描述为一个"杂草丛生的荒芜之地"。变化实在是太大了。

　　罗德里格斯岛上热心的志愿者所进行的修复工作帮助了许多植物物种（例如百合花木槿）免于灭绝。然而，人类活动带来的问题远不止对植物的直接破坏。人类活动导致外来物种开始在岛上殖民，这些后来者的竞争性很强，会取代那些无法产生足够种子，或无法在人类活动干扰下的环境中生存的本地特有物种。许多入侵物种生命力旺盛，迅速在本地生态系统中扎根。在夏威夷，为了观叶（正面亮绿色，反面艳紫色）而被引进的绢木（*shrub Miconia*），已经侵入了当地的雨林，并且正在迅速扩散。环保人士正试图通过直接移除这些物种来控制它们，但这是一项艰巨的任务。虽然与马斯克林群岛相隔甚远，夏威夷还是有几种朱槿组的物种。它们都是夏威夷的特有种，其中一些，如仅在考艾岛上发现的夏威夷木槿（*Hibiscus waimeae*）和考

黄槿（*Hibiscus tiliaceus*）常见于太平洋沿岸的海滩上。尽管它的原产地尚不明确，但可以肯定的是，古代波利尼西亚人曾利用这种植物获取纤维和木材，可能也因此将它带到了太平洋的各个角落。不过，由于黄槿的种子能够浮在水面上，它们也很可能自行在海上漂流，从而在不同地区扎根生长。

97

木芙蓉（*Hibiscus mut-abilis*）初开时是白色或淡红色，逐渐变为深红色。花色的变化可不是晚宴上的谈资，而是向传粉者传达花朵状态的信号，告知它们花蜜或花粉是否已经耗尽或仍可利用。蜜蜂和鸟类对颜色的辨识能力都很强。

艾岛木槿（*Hibiscus kokio*）在野外正面临威胁。产于瓦胡岛上的银白木槿[①]（*Hibiscus arnottianus*）已有人工栽培，主要是作为与朱槿杂交的亲本。朱槿栽培品种多样性极高，导致了很严重的混淆。它的花色除了红色以外，还有白色、粉红色和黄色；花朵有重瓣和单瓣的形态；叶子也有粉红色和白色的变异。因此，这种适应性极强的植物究竟源自何处，它的祖先是否与上述岛屿特有种相关，仍然是一个谜。鉴于朱槿的染色体数目从 36 条到 168 条不等，它显然是一个多倍体，杂交起源的可能性很大。

　　木槿属的植物在热带地区随处可见，无论是新大陆还是旧大陆。一些锦葵科的原生物种也分布于欧洲，例如药葵（*Althaea officinalis*），它的根可以用来制造原始的棉花糖。由于含有丰富的糖、淀粉和胶质，将其浸入水中就能产生果冻状的凝胶。第一种被带回欧洲北部的外来锦葵科植物是蜀葵（*Alcea rosea*），它可能起源于西亚，十字军东征后将它的种子带回了英格兰。蜀葵早已逸为野生，在路边河畔随处可见。随着探险活动（而不仅仅是战争）的扩展，更为艳丽的木槿属植物开始为人所知。奥吉埃·吉塞林·德·布斯贝克（Ogier Ghiselin de Busbecq），一位由神圣罗马帝国皇帝费迪南一世（Ferdinand I）于 16 世纪中期从维也纳派遣至苏莱曼宫廷的使者，带回了一种开着粉红色花朵的可爱植物——木槿。当时的植物学家认为它原产于叙利亚，是《所罗门之歌》(*Song of Solomon*) 中提到的沙伦的玫瑰。卡尔·林奈将其命名为 *Hibiscus syriacus*，意为“叙利亚的木槿”，但这种植物实际上原产东亚，沿着丝绸之路被带到了苏莱曼的宫廷。中国的古籍中描绘了它的重瓣品种，其粉红色花朵随着时间推移会变成紫色。布斯贝克是一个勇敢而富有冒险精神的人物，他对奥斯曼帝国丰富多彩的历史及其植物和花卉充满好奇。他负责发掘了一部珍贵的医学手稿《药物志》，该书由佩达尼乌斯·迪奥斯科里德斯编纂，他是西里西亚的希腊公民，在公元 1 世纪于罗

99

[①]　当地俗名为 koki’oke’oke’o，意为具有像白银一样闪亮花朵的木槿。

马军队服役，并担任军医。《药物志》详细记录了当时使用的药用植物，是医学界的权威著作。然而，到了 16 世纪初，这本书里的医学知识已经相当粗略了。欧洲北部的医生手中没有迪奥斯科里德斯的著作副本，知识只能通过世代相传的方式得到继承，而且流失得非常严重。以今天的眼光看来难免觉得惊讶，中世纪的医生不仅不尝试发明新的药物，而且无比尊崇古代知识，无论它有多么失真。布斯贝克为神圣罗马帝国皇帝获得的书是原始抄本的副本，制作于迪奥斯科里德斯去世数百年后。为了这本书，费迪南一世与苏莱曼的医生们进行了多年的谈判，这些医生非常清楚他们所拥有的知识的价值。这部著作一到达维也纳，就被复制和传播开来。这个独一无二的收藏品后来被称为《维也纳抄本》（*Codex Vindobonensis*），它激发了人们在野外寻找药

这是一幅非常风格化的木槿画作，与真实的植物形象相去甚远。例如，它缺少了木槿属植物特有的副萼——一种位于正常萼片下方的小苞片，雄蕊也被画成奇怪的瓶刷状排列方式。也许画家曾试图真实地描绘所见，但成见却不断干扰其创作。

用植物的热情。

木槿属植物最引人注目的莫过于其花朵。它们华丽夺目，似乎总是以最鲜艳的颜色和最惊人的色彩组合出现，例如黄槿的黄色花朵，在一天结束时会变成热烈的橙色。然而，这种美丽是短暂的，许多木槿属植物的花朵仅维持一天便凋谢枯萎。原产非洲的野西瓜苗（*Hibiscus trionum*），人称"一小时之花"或"午时花"。它那带有红色花心的黄色花朵只在接近中午的时候开放，下午很早就凋谢了。它们甚至在阴凉处也会闭合，真是敏感的花朵！花期短暂的花朵需要迅速完成授粉，否则白白浪费了用于开花的宝贵资源。自花授粉是解决这一问题的有效方法，但木槿属植物花朵的结构和雌雄异熟的开花过程使得自花授粉相当困难。所幸木槿属植物对传粉者的吸引力足够强，花朵颜色的变化就成了发给传粉者的"信号"。也许这就是为什么木槿的花朵能在一天之内从淡玫瑰色变为紫色，也能解释木芙蓉壮观的花朵颜色变化。在中国，木芙蓉的意思是"树上的莲花"，因为相当耐寒，它也被称为拒霜花。当没有莲花开放时，佛教寺庙有时会用木芙蓉的花朵来装饰。这个物种既有单瓣品种也有重瓣品种，重瓣木芙蓉可能不会结种子，完全通过扦插繁殖。在一天的花期中，木芙蓉的花朵从早上的白色变为中午的淡粉色，到下午的深粉色，再到傍晚的深红色。一些介绍花卉装饰的书籍建议，早上剪下木芙蓉的花朵，白天将其放在冰箱里，然后在晚餐时摆上餐桌，客人就能惊奇地看着它们在用餐过程中从白色变为粉色。在美国，木芙蓉有时被称为"邦联玫瑰"，也许（可能性不大）是因为它的花朵和南方各州组成的分离主义势力一样短命。

尽管许多植物通过外交使节和后来的专业植物猎人传播到了世界各地，但能为人所用的植物往往传播得最快。到了 1753 年林奈为玫瑰茄（*Hibiscus sabdariffa*）命名时，这种植物显然已经从非洲的原产地跨越大西洋，到达了西印度群岛的甘蔗种植园，这些地方的经济主要依赖奴隶劳动力。跨大洲的植物分布模式常由两个因素导致，大陆漂移或远距离种子传播，但玫瑰茄的

100

在太平洋的夏威夷群岛，黄槿被当地人称为"hau"。这种树可长到20米高，在覆盖峡谷的森林中成为优势树种。它的木材质地轻盈，被用来制造当地特有的支腿独木舟，不过并不是首选的材料。

迁移是由人类的行为和需求所驱动的。玫瑰茄是一种一年生草本植物，以其鲜黄色的花朵和鲜红色的花心及花丝管而闻名。它的拉丁文学名来源于土耳其语中的俗名，这很不寻常，因为林奈给植物起名的时候喜欢用古典的词根，而避免使用他觉得粗俗的口语。玫瑰茄的全身都是宝，种子烤过后可以磨成粉替代粮食；叶片和嫩芽微酸，可当作蔬菜食用；从茎部提取的纤维在 20 世纪初曾被当作黄麻的潜在替代品。玫瑰茄最不寻常的用途来自它鲜红色、酸

101

味的肉质萼片，榨出汁来可以做饮料，既能趁新鲜直接喝，也可以发酵后饮用。在西印度群岛，这种饮料被称为红酸汁（sorrel[①]），而在讲西班牙语的拉丁美洲则被称为"牙买加玫瑰"。1707 年，牙买加的奴隶就有食用玫瑰茄的记录。这种植物很可能是由一些勇敢且有进取心的人从非洲带来的。在奴隶船上残酷的条件下，一个人如何隐藏并保护种子，这至今仍是个谜，但玫瑰茄显然值得他们这么做。今天，最好的牙买加玫瑰产自墨西哥的瓦哈卡州，距离它在非洲的故乡非常遥远。探寻玫瑰茄的原产地对科学家来说是难度很大的挑战，因为人类的传播已经极大地改写了经济植物的分布模式。有人认为玫瑰茄的起源可能与安哥拉地区的一种未知的野生木槿属植物有关，这种植物被驯化后，通过干燥的森林和稀树草原地区传播到了整个非洲。在苏丹，有一种名为"科卡迪"（kirkadi）的饮料，就是用玫瑰茄的肉质萼片制成的，类似于新大陆的人们啜饮的红酸汁。

　　总而言之，被人类用作食物或药材的植物传播得像野火一样快。想想在西印度群岛被发现后在欧洲迅速扩散的烟草吧！它在极短的时间内就传遍了欧亚大陆，传播路线显然不止一条，以至于有人猜测它可能原产于埃及或俄罗斯。在这些猜想背后，真相其实很简单：首先人们因为这种植物的价值而栽种它，其次它生命力旺盛，这样就能迅速扩散。有经济价值的植物不一定老老实实待在花园或农田中。如果条件适宜，它们会繁衍生息，壮大种群，进而可能成为入侵物种或融入当地植被。它们的外观和习性变得与本地植物无异，而真实的起源却迷雾重重。朱槿作为一种观赏植物，也以类似的方式传播开来，因为它易于栽培、外观美丽，人们将它带到了世界各地，培育出了多种多样的品种。它在人类的帮助下成功入侵了所有地方，这与可能是它祖先的物种的狭窄分布范围形成了鲜明对比。人类在操弄植物的生活，而植物会做出什么样的反应，我们永远无法预知，朱槿就是一个铁证。

---

① 　本义是酸模，蓼科植物。

玫　瑰

采摘玫瑰吧，趁它正在盛开。

时光易逝，凋谢随后就来。

采摘那爱的花朵吧，趁正当时。

趁你还能承担得起，与爱等同的罪名。

——《仙后》（ *The Faerie Queene* ），

埃德蒙·斯宾塞（Edmund Spenser），16 世纪晚期

　　玫瑰[①]的花朵自古以来就用于象征爱情和女性之美的脆弱与短暂。但是，与 16 世纪相比，现代人在情人节送出数百万朵的"玫瑰"（实际上是杂交月季）已经彻底地改头换面。现代月季是杂交程度最高的花卉之一，随着新的杂交品种不断被培育出来，现代月季的流行趋势也飞速变化。如今，这些拥有尖尖的完美花蕾、持久开放的花朵和微弱香气的"玫瑰"，与过去无论是野生还是人工培育的蔷薇属植物都大相径庭。

这个精致的中国月季品种叫"醉杨妃"，杨贵妃是中国历史上著名的美女，也是唐玄宗最宠爱的妃子。相传，她在花园中散步时，闻到这种月季的香气，为花香所迷醉，如饮醇酒，步态跟跄地徘徊。[②]

---

① 如无特殊说明，本章中的"玫瑰"均泛指蔷薇属的不同物种及其栽培品种，不特指玫瑰（ *Rosa rugosa* ）。

② 《醉杨妃》是一部京剧，后来被梅兰芳改编为《贵妃醉酒》，剧情是杨玉环在百花亭久候皇帝不至，烦闷之下喝得大醉，怅然返宫。这个月季品种名称的意思是花朵神似杨贵妃醉酒的情态。

103

醉
楊
妃

　　人类栽培蔷薇属植物的历史是如此悠久，以至于我们可能永远无法弄清楚它们的发源地到底是哪里。蔷薇属有超过 300 个野生物种，其中很多——无论是来自东方还是西方，都为栽培品种的基因构成做出了贡献。但有一点是肯定的：在多种文化中，玫瑰都有重要的价值。在欧洲，据说公元前 1500 年的米诺斯文明的艺术作品中就描绘了玫瑰，但学者们对这些图画的鉴定真实性提出了质疑。古希腊人肯定使用过玫瑰油，所以我们知道早期的玫瑰是有香味的。色诺芬（Theophrastus）在公元前 3 世纪提出了种植玫瑰的方法，并认为最香的玫瑰来自昔兰尼（Cyrene）。他甚至提到了"百瓣"玫瑰，这可能是人们改良野生物种的迹象，因为野生蔷薇属植物通常只有五片花瓣。爱神阿芙洛狄忒（Aphrodite）的象征之花是玫瑰，当她从海洋中诞生时，大地为她创造了这种花。希腊人显然知道红玫瑰和白玫瑰，他们认为白玫瑰吸取了女性血液后就会变成红玫瑰。有一个关于爱神阿芙洛狄忒的传说：她的情人阿多尼斯被一头野猪顶伤了，她急着跑去安慰他，结果在一丛白玫瑰上划伤了自己，她的血把花朵变成了红色。希腊人可能也把玫瑰引入了埃及，亚历山大大帝的继承者托勒密在他的港口城市托勒迈斯发展了玫瑰栽培产业。有人认为埃及人主导的玫瑰贸易当时已经遍及地中海沿岸。

104　　随着罗马人在欧洲的崛起，他们全盘接受了希腊神话和玫瑰。玫瑰可能是随着希腊移民来到罗马的，也有人认为它是通过与埃及人的跨地中海贸易而来。无论玫瑰是如何传入罗马的，它在罗马社会中都非常重要，在文学、艺术、食品和宗教中都常出现。玫瑰真正成了罗马文化的一部分，爱神阿芙洛狄忒在罗马改名维纳斯之后，玫瑰依然是她的象征。据说，以奢侈著称的罗马皇帝尼禄（Nero）曾在宴会上向宾客撒玫瑰花瓣，数量之多以至于宾客几乎被压垮。其他罗马领袖则佩戴玫瑰花环，睡在撒有玫瑰花瓣的床上，并让花瓣铺满地板以散发香气。这些罗马玫瑰香气浓郁，它们不仅仅是象征性的装饰品，更具有实用价值。当时为罗马城市供应玫瑰的有好几个栽培中心，其中之一是帕埃斯图姆（Paestum），位于那不勒斯南部的一个古希腊殖民地，人们认为那里栽培的玫瑰是大马士革蔷薇①（*Rosa × damascena*）的一个品种。我们不清楚撒在罗马人脚下的玫瑰花瓣的具体品种，但显然香气是重要的，因为普林尼认为没有香气就不配叫玫瑰。

波斯人同样看重玫瑰的香气，他们也有高度发达的玫瑰文化。波斯有一个和古希腊类似的关于红玫瑰诞生的传说：夜莺深爱着"花中女王"白玫瑰，它飞下来想要拥抱花朵，却不幸被刺穿了胸膛。夜莺的鲜血滴落之处，红色的玫瑰生长起来。波斯的玫瑰也是香味浓郁的，14 世纪的波斯抒情诗人哈菲兹（Hafiz）曾赞颂过玫瑰和葡萄酒的美好，两者都能令人陶醉：

> 深红的玫瑰盛开，
>
> 花瓣在溪流上轻轻漂浮，
>
> 我从错综的梦境中醒来，
>
> 内心迷茫，轻声叹息：
>
> "当玫瑰的芬芳
>
> 与葡萄酒的香气
>
> 如此和谐地交融，
>
> 在这宜人的时节，
>
> 我何需回避
>
> 美酒带来的慰藉与欢愉？"

随着伊斯兰教的传播，波斯的玫瑰被带到了地中海地区，与欧洲栽培的蔷薇属植物混合了基因。

在中世纪的欧洲，玫瑰成为耶稣之母马利亚的象征，在表达信仰中扮演

---

① 也叫大马士革玫瑰，香气浓郁，是重要的玫瑰精油原料。

玫瑰具有极其复杂的杂交起源背景，这种情况对于我们不断改良的各种栽培植物来说很常见。据推测，百叶蔷薇（*Rosa × centifolia*）起源于 16 世纪末的荷兰，是大马士革蔷薇（它本身也是杂交种）和"白蔷薇"之间的杂交后代。后者是一个古老的罗马蔷薇品种，可能是大马士革蔷薇和野生种犬蔷薇（*Rosa canina*）的杂交后代。

苔藓蔷薇（*Rosa × centifolia* 'Muscosa'）是百叶蔷薇最著名的品系。它名称中的"苔藓"指的是其花梗和萼片上密集的凸起，这些凸起是表皮毛变异为皮刺的中间形态。植物学家菲利普·米勒将这种植物认定为百叶蔷薇的变种。

了极其重要的角色。玫瑰还承载了深层的象征意义：它的五片花瓣象征着基督在十字架上所受的五处伤口，而其刺则代表了荆棘冠冕。从罗马时代起，白玫瑰就成了圣母贞洁的象征，而红玫瑰则象征着殉道者的鲜血。玫瑰的美丽之下隐藏着痛苦，14 世纪有一些圣母马利亚身处玫瑰园中的画作，通过描绘多刺的枝条，预示了她将要承受的苦难。

　　玫瑰作为基督教信仰的象征意义重大，不容忽视，因此教会因势利导，将玫瑰纳入了自己的象征体系。天主教徒在诵念玫瑰经时会使用玫瑰念珠，这不仅是虔诚祈祷的一种形式，也能帮助记录念经的次数。玫瑰念珠的珠子

105

数量基于数字 5^①，从神秘的角度代表着圣母马利亚的玫瑰园。在中世纪崇拜圣母马利亚的教会礼仪中，五月间会在圣母雕像上挂上玫瑰花环，将贞洁与胜利的象征结合在一起。圣母马利亚的奇迹常常以玫瑰的形式展现。例如，一位即将受火刑的少女向圣母祈求，火焰熄灭了，燃烧的火把变成了红玫瑰，未点燃的则变成了白玫瑰。随着基督教传教士跟随殖民者征服新大陆，玫瑰的植物实体和宗教象征一起传播了过去。瓜达卢佩圣母（Guadelupe）是马利亚在新大陆的第一次显灵，她的画像具有和当地原住民一样的深色皮肤。一位居住在墨西哥城外的农民连续五次见证了这一神迹。圣母用玫瑰摆满了农民的单薄斗篷，当农民抖落这些花朵时，发现斗篷印下了站在新月上、从玫瑰云中升起的圣母形象。据说，这象征了上帝对刚刚被殖民者征服的墨西哥人民的爱⋯⋯

106

　　从圣母马利亚到所有女性只有一步之遥，玫瑰逐渐成为女性的象征。玫瑰花季的短暂象征着韶华易逝，诗人们也常将女性之美比作凋零的玫瑰。早期的栽培玫瑰通常一年只开一次花，尽管有传言称帕埃斯图姆的大马士革蔷薇能多次开花，但实际上更可能是园丁用了特殊手段促使它们开花；或者干脆是种植了两个不同时间开花的品种，而不是单个品种开两次花。在整个中世纪，玫瑰因其象征意义以及在制作玫瑰油方面的用途而被栽种在修道院的花园中。玫瑰油最初是由 11 世纪的阿拉伯医生和哲学家阿维森纳（Avicenna）用水蒸馏大马士革蔷薇的花瓣而得到的。到了 14 世纪，人们发明了酒精萃取的方法，制得的玫瑰油非常纯净且高度浓缩。它在医疗上被用于治疗各种各样的疾病，甚至包括净化心灵。实际上，9 世纪的德国僧侣瓦拉弗里德·斯特拉波（Walahfrid Strabo）曾写道："玫瑰油到底能治疗多少种人类疾病，没有人能说全，也没有人能记全。"^②自伊丽莎白一世时代起，玫瑰

---

① 通常在环状部分有 50 粒小珠和 5 粒大珠。
② 鉴于玫瑰油的蒸馏技术 10 世纪才发明，这里说的玫瑰油可能是不同的东西。

油就在英国君主的加冕典礼中使用。

　　到了 16 世纪，园丁们发现了一种新的玫瑰，可以用于培育大量栽培品种，这就是百叶蔷薇，也称为普罗旺斯玫瑰或卷心菜玫瑰。它是一个来历复杂的杂交种，涉及高卢蔷薇、犬蔷薇、晚开的野生种麝香蔷薇（*Rosa moschata*）和栽培的大马士革蔷薇，具体的诞生地点尚不明确。百叶蔷薇以其蓬松的重瓣花朵而闻名，深受 19 世纪的园艺师格特鲁德·杰基尔和 20 世纪园艺师的维塔·萨克维尔 - 韦斯特（Vita Sackville-West）的喜爱，她们都对"现代"杂交月季的发展表示遗憾。一些早期的百叶蔷薇品种至今仍在栽培，例如"罗莎蒙蒂"（Rosa Mundi），它有着美丽的红白条纹花朵，据说是以英格兰国王亨利二世的情妇罗莎蒙德（Rosemund）命名的，她在 12 世纪被王后杀害。不过，这个故事很可能只是附会，因为直到 1580 年代才有关于该品种的记载。另一个著名的条纹玫瑰品种源自大马士革蔷薇，名为"约克与兰开斯特"（York and Lancaster），由约克和兰开斯特两个家族之间争夺英格兰王位的"玫瑰战争"而得名。这场战争原本和玫瑰没有什么关系，是莎士比亚和晚些时候的沃尔特·斯科特爵士（Sir Walter Scott）将玫瑰元素引入了战争故事——实际上，"玫瑰战争"这个短语就是斯科特创造的。虽然无关史实，但"玫瑰战争"带来的浪漫想象让人印象深刻。玫瑰可以很容易地通过扦插和嫁接快速繁殖，因此尽管大多数杂交品种都无法结出种子，早期的园丁仍然能够大量生产它们。荷兰育种者在尝试通过与"野生"的腓尼基蔷薇（*Rosa phoenicia*）杂交来改良百叶蔷薇时，培育出了苔藓蔷薇 ①，这是一个令人梦寐以求的多花大花品种。苔藓蔷薇在萼片上有类似苔藓的被毛，受到 17 世纪和 18 世纪玫瑰种植者的珍视，其中之一是菲利普·米勒。

　　菲利普·米勒是一位园艺师的儿子，他在泰晤士河畔的南华克建立了自

---

①　苔藓蔷薇来自芽变而不是杂交。

己的第一个苗圃，专门种植观赏花卉，其中包括玫瑰。他让玫瑰沿着苗圃的墙壁生长，并通过精心的修剪和芽接技术，使得玫瑰能在八月和九月绽放。这在当时可以说是奇货可居，因为玫瑰通常只在六月和七月的有限几周内开花。

1722 年，米勒被任命为位于切尔西的药用植物园的园长。当时的切尔西是泰晤士河上游的一个宁静乡村，远离伦敦的喧嚣。这个植物园最初由药剂师公会在 17 世纪建立，目的是种植和研究具有经济和药用价值的植物。但到了 18 世纪初，植物园遇到了困境。公会最初只是租赁了建造植物园的土地，但未有足够的资金将其全部买下。医生和博物学家汉斯·斯隆爵士发现植物园因财务困难面临关闭，于是出资一劳永逸地拯救了它。此后，通过一位植物学家朋友的推荐，斯隆爵士任命米勒为植物园园长。

米勒使切尔西药用植物园在园艺界声名鹊起。在任职两年后，他出版了《园艺家和花卉栽培者词典》（The Gardeners and Florists Dictionary）的第一版，这是一部园艺技术的汇编，包含了各种花园的栽培管理方法和首选植物。在米勒最喜欢的开花灌木中，玫瑰占据了一席之地。他在 1724 年版的词典中指出，玫瑰是园艺师能繁育的最多样化的木本花卉，并列出能在伦敦的苗圃中获取的 29 个品种。他还提到，博福特公爵夫人在她位于巴德明顿的花园里收集了更多品种。当时的富人是植物学的赞助人，公爵夫人对于尽可能多地收集栽培植物特别有兴趣，这一行为后来在马尔迈松被拿破仑的妻子约瑟芬模仿。

在 1730 年的《药用植物园植物名录》（Catalogue of Plants at the Physic Garden）中，米勒列出了四个蔷薇属物种：白蔷薇（Rosa × alba）、犬蔷薇、大马士革蔷薇和红蔷薇〔Rosa rubra，现已归并入高卢蔷薇（Rosa gallica）〕，最后一种又称"药剂师的玫瑰"，有很重要的药用价值。在米勒的玫瑰收藏中，新奇品种不断增加。他在荷兰莱顿附近的布尔哈夫（Boerhaave）先生的花园中第一次见到了苔藓蔷薇，并率先将其引入伦

108

敦。米勒最爱百叶蔷薇，经常强调它们的芳香，这是18世纪花园中一个重要的考虑因素。他认为玫瑰是"所有开花灌木中最有价值的……玫瑰的多样性是如此之高，以至于在花园造景时完全不用考虑和其他物种混栽。它们散发出浓郁却又温柔的甜香，深得人们喜爱"。他批评了那些出售单瓣黄花蔷薇〔*Rosa lutea*，现已归并入异味蔷薇（*Rosa foetida*）〕的苗圃，因为这种植物花期太短，完全没有香味，还卖得很贵。米勒在名录的各个版本中列出了许多玫瑰，但在第八版中，他清晰地区分了园艺品种和那些他从国外的花园中搜集回来的野生物种。他指出："现在英国的花园中栽培了大量重瓣玫瑰。它们大多数是通过杂交偶然获得的，不应被视为不同的物种。因此我只注明它们园艺上的俗名，以便那些有兴趣收集所有品种的人不会因为物种学名和俗名的混淆而感到困惑。"

　　想象一下，集齐所有已知的玫瑰园艺品种，是一件多么令人兴奋的事！在米勒那个时代尚有可能，今天已经近乎天方夜谭了……在药用植物园，米勒用他所钟爱的浅色百叶蔷薇的种子，亲自培育了几个栽培品种。他精心记录了不同类型玫瑰的开花顺序，从肉桂蔷薇（*Rosa majalis*）和大马士革蔷薇到麝香蔷薇，后者的花期在温和的年份能一直持续到十月。米勒还详细介绍了繁殖和修剪的方法，这些方法至今仍被广泛使用。玫瑰的营养繁殖非常方便，这意味着一个地方培育的品种可以轻松地被送往世界各地。这种情况正是波旁玫瑰（Bourbon rose）所经历的。关于这种玫瑰的故事很多，但共同点是，在印度洋的留尼汪岛，法国殖民者种植原生和栽培的玫瑰作为绿篱，从中诞生了一个新品种。19世纪初，一个名为"爱德华玫瑰"（Rose Edouard）的插条被送往法国，在那里被广泛繁殖并传播到世界各地。

　　约瑟芬皇后试图收集当时存世的每一个玫瑰品种，种在她位于马尔迈松城堡的花园中，让那里成为玫瑰园艺的典范。法国的玫瑰贸易虽然并非自她而起，但毫无疑问，她的热情为之提供了强大的推动力。约瑟芬皇后的壮

药剂师的玫瑰，即高卢蔷薇，据说是由法国北部普罗万的领主蒂博四世（Thibault IV）于 1250 年第七次十字军东征返回时，从圣地带回欧洲的。它的药用特性和圣母玛利亚的象征有关。普罗万附近种植了大片的高卢蔷薇作为药材。

硕苞蔷薇（*Rosa bracteata*）以多刺而闻名，同时拥有芳香四溢的花朵，在园艺育种中是备受推崇的亲本。18 世纪末[1]，英国特使马戛尔尼勋爵将这种原产中国的蔷薇带回欧洲，后来它被引入美国南部，如今已在当地成为一种入侵植物，在开阔和受到干扰的地区形成难以穿透的多刺灌木丛。

举得到了安德烈·杜邦（André Dupont）先生的帮助，他是已知第一位主动进行玫瑰杂交的商业育种者。约瑟芬皇后来自加勒比海上的马提尼克岛，她应该会非常欣赏同样来自热带岛屿的玫瑰品种；遗憾的是，她在波旁玫瑰发现之前就去世了。然而，她的玫瑰园将永远与波旁玫瑰联系在一起，因为在 1843 年，里昂的一位育种家将一个新的波旁玫瑰品种命名为"马尔迈松的回忆"。

---

① 原文为 1793 年将其引入美国，但马戛尔尼使团是 1794 年才返回英国的，时间对不上。

110

茶薇

随着来自中国和印度的蔷薇属物种传入欧洲，并与当地的栽培品种杂交，玫瑰的品种数量急剧增加。

　　欧洲最早的一年多次开花玫瑰品种来自波旁玫瑰和波特兰玫瑰的杂交，后者发现于意大利的帕埃斯图姆苗圃。也许这就是罗马时代双季开花玫瑰传说的起源，但也仅仅是一年两次而已。来自中国的月季花（*Rosa chinensis*）的栽培品种，茎上的皮刺比欧洲的品种要少得多，一个枝头上能开好几朵花，并且有真正意义上的重复开花特性：盛花期在春季和秋季，并且整个夏天都开花不绝。除了月季花本身，它和藤本物种巨花蔷薇（*Rosa gigantea*）的杂交产生了香水月季（*Rosa × odorata*），这个品系也同时被传入了欧洲。欧洲人称香水月季及其杂交后代为"茶香玫瑰"，因为它们的花香淡雅清幽，近似新鲜的茶叶，迥异于当时欧洲流行玫瑰品种的甜香。中国月季的传入在欧洲掀起了新的玫瑰育种热潮，花朵形状和颜色都更加多样化了。到了 20 世纪初，伊朗原生的异味蔷薇（*Rosa foetida*）将橙红色和鲜黄色添加到了玫瑰育种者的调色盘中。通过将花园品种与来自苏格兰的密刺蔷薇（*Rosa pimpinellifolia*）进行杂交，人们培育出了微型月季品系。中国月季和野蔷薇（*Rosa multiflora*）的杂交则诞生了丰花月季品系，它们有着花束般的花序，能很长一段时间内反复开花，为非专业园艺爱好者提供了极高的性价比。

　　艾萨克·牛顿爵士提出的自然法则指出，每一个力都有一个大小相等、方向相反的反作用力，而玫瑰文化中对"完美玫瑰"的追求也产生了类似的反应。艺术作家和诗人萨切维尔·西特韦尔（Sacheverell Sitwell）在 20 世纪 30 年代末曾说，"对于玫瑰而言，现代创新已经走得太远，以至于我们忘

这种月季有一个充满诗意的名字，"茶薇"，意为茶香月季，或山茶月季。之所以起这个名字，是因为它的花散发出虽然很淡但却十分明显的茶叶香味。正如欧洲园林中的许多植物一样，"茶薇"来自中国，它指的是这种花与山茶属（茶所属的植物属）的花在外观上的相似性[1]。

111

---

① 原文表述有误。首先，图中的字是"荼薇"，不是"茶薇"。虽然荼字是由茶字变来的，但蔷薇属里荼字的来历是"酴"，酒曲的意思。荼蘼即酴醾，因为花色像一种酒而得名，跟茶没有任何关系。其次，荼薇是广东中山小榄的一种蔷薇，明末清初的时候开始大量栽培并用于酿酒。据王国良老师考证，荼薇是玫瑰 *Rosa rugosa* 的一个品种，但图中植物的特征与玫瑰不符，例如皮刺太多、叶片皱褶不深等；赵世伟老师认为荼薇是百叶蔷薇的一个品种，明朝从西方传来，并经过了当地人的选育。我同意赵老师的观点。最后，无论玫瑰还是百叶蔷薇，跟月季花的形态差异都非常大，叶形、花形、花香、皮刺都不一样。而且它们都是浓郁甜香型的，而不是"茶香"。

藤本的野蔷薇（*Rosa multiflora*）原产中国，它也是许多栽培品种的祖先，尤其是藤本月季品系。重瓣的野蔷薇品种今天不太流行，但在19世纪的园艺栽培中却十分普遍。由于生命力非常顽强，野蔷薇常被用作嫁接娇贵月季品种的砧木，这种坚韧是自然选择而非人为选择的结果。

记了玫瑰的真正含义"。这种对传统花卉的浪漫想法以乡村玫瑰为缩影，强烈地影响了人们对栽培玫瑰的观念。1950年代，为《观察家报》撰写园艺专栏的维塔·萨克维尔-韦斯特讽刺地说："有的人说自己思维传统，该是什么就是什么，'玫瑰就是玫瑰'。但他们哪儿知道什么是传统的玫瑰？现代的玫瑰具有过于张扬的粉红、鲜红或黄色花朵，虽然也很好看，但完全没有传统玫瑰品种的风韵。"她极力推崇西特韦尔所倡导的传统玫瑰复兴，让菲利普·米勒当年种植的那些品种重新进入公众视野。但是，玫瑰育种者是否忘记了玫瑰的真正含义？也许并非如此，因为就在西特韦尔对玫瑰的改变感到悲哀的同时，格特鲁德·斯坦（Gertrude Stein）写道："玫瑰就是玫瑰本身。"这提醒我们所有人，玫瑰终究只是一朵花而已。这个名词本身没有特殊含义，它的意义是被人们想象出来的，需要不断地重复才能成为现实。从这个意义上来说，玫瑰又不仅仅是一朵花，它还是一个象征，一个人类有史以来一直持有并不断改变的象征。

棕　榈

在这些地方，没有低矮的灌木丛来阻挡视野，也没有树枝和叶子的干扰，无数巨柱一般的茎干笔直地长到 80-100 英尺高。这是一个巨大的自然形成的神庙，宏伟庄严不亚于巴尔米拉或雅典的同侪。

——《亚马逊的棕榈》(*Palm Trees of the Amazon*)，
阿尔弗雷德·罗素·华莱士(Alfred Russel Wallace)，1853 年

棕榈[①]是植物标本采集界的"巨型猎物"。制作棕榈的腊叶标本并非易事，它需要计划和技巧，最重要的是奉献精神。相比之下，采集罂粟或木兰的植物标本就简单得多。制作标本的常用方法是这样的：剪取一段大约和你前臂一样长的植物（如果植物较小，可以多采集几株），然后将样品包在一张折叠的小报纸里。将包好的样品放入一个标本夹中，吸水纸、瓦楞纸与植物交替放置，有时候还会用到波纹铝板。接下来，拉紧标本夹，把所有标本尽量压平，然后将整个装置放在干燥器上，使热量通过瓦楞纸或波纹铝板之间的孔隙上升，烘干植物。短则几个小时，长则几天，之后取出报纸，里面的植物已经干燥变平了。这个过程就像压花一样，但压制的对象不只是花，而

一首泰米尔语的诗歌赞颂了糖棕(*Borassus flabellifer*)的 801 种用途，人们利用这种树的历史可以追溯到印度的史前时期。糖棕也叫酒椰，这两个俗名来自用它未开放的花序中的糖汁酿制的棕榈酒。为了采集糖汁，人们会将花序捆绑起来防止开放，然后敲击以促进树液流动。一旦开始采集，每个花序每天可以产出约 2 升的汁液，并持续数月之久。

① 如无特别说明，本章节中的"棕榈"均泛指棕榈科的各个物种，不特指棕榈(*Trachycarpus fortunei*)。

必须是带有花或果实的一段枝条，乃至整株植物。在热带地区，必须尽快将植物放在干燥器上，因为微生物在炎热潮湿的环境中繁殖迅速，真菌会在短时间内彻底破坏一份漂亮的标本。对于小型的植物来说，这个过程很简单，但随着植物体积变大，复杂程度和采集难度也随之加大。乔木的花通常位于树冠，如何采下一段带花的枝条就是个难题。一些采集者，如大卫·道格拉斯（David Douglas）——就是发现道格拉斯冷杉 ① 的那位——甚至用枪击落树顶的枝条来获取开花或结果的材料。

矮蒲葵（*Livistona humilis*）属于蒲葵属，外观优美，挺拔庄重，挂着一串串鲜艳的果实。它的叶柄基部包裹着网状的纤维，伟大的棕榈博物学家科纳普提出，人类发明编织，可能正是模仿棕榈天生自带的网。费迪南德·鲍尔在 1803 年 1 月于澳大利亚北领地的蓝泥湾绘制了他的草图，并据此完成了这幅画。

费迪南德·鲍尔通常会在一幅图中插入植物花朵和果实细节，但由于矮蒲葵本身就占了整整一页，所以它的花朵和果实成了单独的一幅图。可见除了标本难采，绘制棕榈也需要特别的处理。

---

① 花旗松（Pseudotsuga menziesii）。

　　至于棕榈，这些热带森林中庄严壮丽的居民，要采集它们的标本时又是另一种难度。棕榈尽管身形高大，但从科学上来说，它们并不是真正的树。真正的树有次生生长，比如我们在砍伐下来的松树或桃花心木（ *Swietenia mahagoni* ）上看到的年轮。茎中输送水分的组织叫木质部，它在一年中的不同季节有不同的生长速度，从而形成了疏密有致的结构。这种结构年复一年地生长，就形成了年轮。而棕榈的树干结构完全不同。从横截面上看，它们的输水组织不是同心圆状的，而是像无数小岛一样散布在整个树干中[①]。支撑起棕榈树干的是非常密集的纤维，这些纤维坚韧到了可怕的程度，人们砍伐一片原始森林时，往往会把棕榈留到最后再砍，因为它们的树干甚至能折断砍刀的刀刃。棕榈的植株就是一根不分枝的草质茎顶着一丛叶子，但在普通人眼中，它就是一棵树。这也说明了同一个词作为日常用语和科学术语之间存在差异，有时会导致交流困难。

　　当植物猎人要采集棕榈时，一个显而易见的问题是：从哪里下手呢？一份好的标本应该能够代表整株植物，理想情况下包括茎、叶、花和果实[②]，只有通过这样的方法，才能完整地保留植物形态的证据，从其整体到显微结构。但是，棕榈的茎又粗又硬，叶子有时超过 1 米长，花和果实在像小象一样大的花序中生长，这该怎么办呢？棕榈确实是很麻烦的植物，也是真正的挑战，所以一般的采集者都会装作没看见它们。然而，对于棕榈爱好者来说，"从容细致地采集一株庄严的棕榈可以带来极大的满足感"。首先你必须爬到树顶，这通常充满危险，因为棕榈往往浑身是刺，蚂蚁和胡蜂也会在树上做窝。然后你得采下一片完整的叶子，带着它的基部（这通常对鉴定很重要）。叶子可能非常大，因此细心的棕榈采集者会从底部、中部和顶部各取一部分用于制作标本，并在笔记中记录叶子的总长度、叶色、小叶或叶裂片的着生方式，以及植株的高度、树干的粗细，等等。通常，即使是棕榈叶的"小样"也大

114

115

---

① 这种结构被称为"散生维管束"，具有这种结构的茎是草质茎，所以棕榈实际上是巨型的草本植物。

② 还包括根。

116

威廉·杨（William Young）创作的这幅画作充满了（正面意义上的）幻想和童趣，画中一棵棕榈树对称地挂满了各种颜色鲜艳的附生植物。这与美国东南部的任何真实棕榈都相去甚远。在北卡罗来纳州，杨能够找到的为数不多的本土棕榈之一是菜棕（*Sabal palmetto*），这是一种生长在海滨咸水湿地的高大棕榈树。

到必须折叠起来，才能装进用来存放标本的报纸里。这有点像折纸，但过程正好相反，是把三维的物品变成二维。进行到这一步，已经花费了几个小时，但棕榈采集还没有结束，因为还要采集花序或果序的标本，如今还需要拍摄特写照片。像所有野外采集的植物标本一样，烘干的棕榈标本用报纸打包，最终的成果是一个像橘子箱一样大的笨重包裹。这才仅仅是一份标本而已，由于植物学家通常会采集复份标本，也就是来自同一株植物的多份标本，以便在各个机构之间共享，所以这是非常辛苦的工作……但结果确实卓尔不群。很少有人采集棕榈，所以好的棕榈标本非常珍贵。棕榈采集者也是与众不同的，这个职业显然不适合胆小或容易气馁的人。

因此，有人可能会认为，收集棕榈或对这些最难对付的植物抱以热忱不太适合老年人，但事实并非如此。利伯蒂·海德·贝利（Liberty Hyde Bailey）是一位年高德劭的美国园艺学家，他一生致力于"为农民和乡村发声"，优先考虑为耕作者提供植物学知识。作为拓荒者的儿子，这对他来说是理所当然的。贝利 1858 年出生，一生中大部分时间都与土地紧密接触：起初在他父亲的农场，接着在密歇根的农业学院，随后在哈佛大学的学术殿堂成长为一位植物学家。当贝利接受母校提供的一份园艺工作时，同行们以为跟他不会再有交集了，毕竟植物学家是科学家，而园艺师只是种花的。但贝利证明他们都错了。从密歇根农业学院到康奈尔大学，他一直在研究对人有用的植物的分类学，包括树莓、瓜类，以及占据他晚年的棕榈。贝利是字面意义上的著作等身，在一张照片上，他站在自己的著作旁，那堆书高度到他眼睛处，而且他个子很高！据说，有一次在加勒比度假时，贝利的妻子抱怨他身为植物分类学家却不认识眼前的棕榈。贝利因此打开了一扇新世界的大门，当时他已经 68 岁了。在接下来的近 30 年里，他专注于探寻这些迷人植物的知识。他意识到棕榈是热带地区真正的"生命之树"，因为棕榈用途广泛，为人们提供了食物、纤维、盖屋顶的草、油脂、植物象牙[①] 等物资。贝利在全

117

---

① 指某些棕榈的胚乳成熟后质地坚硬细腻，可作为象牙代用品。

球范围内采集棕榈，甚至计划了一次非洲之行。1949年从美国出发去非洲并不容易，尤其是他已经91岁，这令他的朋友们惊恐不已。如果他在那里去世怎么办？对此贝利的回复堪称传奇："自然有人会埋葬我。"但最终，他没有成行，因为一次摔倒导致髋骨骨折，他再也没有完全康复并回到野外。像其他棕榈专家一样，例如伟大的普鲁士探险家亚历山大·冯·洪堡（Alexander von Humboldt）、温和的英国人理查德·斯普鲁斯（Richard Spruce）、德国贵族卡尔·弗里德里希·菲利普·冯·马提乌斯（Karl Friedrich Phillip von Martius）和意大利植物学家奥多亚多·贝卡里等人，贝利完全被棕榈迷住了。他的名字在所有对园艺感兴趣的人中传颂，他所创建并为之捐赠了毕生收藏的机构也纪念着他的名字，那就是利伯蒂·海德·贝利园艺植物园。贝利创造了"园艺植物园"这个词，以表示该机构不仅致力于收集园艺植物，还致力于收集通常存放在植物标本馆的野生植物。

贝利发明了一种存储笨重的棕榈标本的特殊方法，这种方法至今仍在康奈尔和其他有棕榈专家供职的标本馆中使用，例如英国皇家植物园邱园。他意识到，棕榈标本体积太大，像保存其他植物标本一样将其粘在一张台纸上不太实际，因此他决定将棕榈标本存放在盒子里。这样，一份棕榈标本所有的部分都可以存放在一起，由于并没有被粘住，植物学家可以把每个部分翻过来检视其背面。这样的一盒标本实际上仅仅来自一株体型巨大的活植物，能够很好地保存并展示它所有的形态特征。由于贝利的影响力和远见，贝利园艺植物园的棕榈分类学传统直到今天依然繁荣。

在20世纪40年代末，担任美国科学促进会（American Association for the Advancement of Science）主席，并身为美国植物学的领军人物的贝利遇到了一位来自哈佛的植物学家，哈罗德·E.摩尔（Harold E. Moore），并立即对他产生了兴趣。贝利曾写信给一些朋友，打算访问他们在巴哈马的花园，信中说摩尔"是一个非常锐意进取的年轻人"，这是充满活力的贝利给出的极高评价了。这位"锐意进取的年轻人"，通过在野外不断积累知识，彻底改变了棕榈分类学。摩尔的足迹遍及世界各地，在野外见到了棕榈科绝大多数的属，这是一项非凡的壮举。他的探险聚焦于棕榈标本的采集，这显然是艰苦的工作，但也充满乐趣。在给同事的一封信中，他描述了在斐济采集一个新属〔以《斐济植物志》（*Flora of Fiji*）的作者命名为 *Alsmithia*①〕的乐趣。这份乐趣包括，来袭的热带气旋"蒂亚"肆虐整夜，第二天走在吹倒的枝叶和树干形成的"地毯"上到达目标种生长的地方，并在看到满目疮痍后评论说："不要听信人家说的椰子树会在风暴中弯曲"，因为它们已经被折断了。摩尔发现的新属对他来说是个实实在在的奖励，因为那是他最后一次旅行。此后不久，摩尔就因病去世，由于他与业余棕榈爱好者和专业分类学家都有着密切的联系，大家都对他的不幸表示震惊。摩尔对棕榈了解极深，探索范围极广，从他这里获益的远远不止研究和爱好棕榈的人群。摩尔对热带植物的热情和对细致研究的奉献启迪了一代学生。与维多利亚时代的植物猎人不同，这位现代探险家主动地将他的知识和激情传递给下一代。从某种程度上说，这就是今天的植物猎人和过去的不同之处。过去，植物猎人的目标就是找到植物并将其带回家种植，这种行为固然美化了我们的花园和生活（但实际上非常自私和功利——译者）。今天的植物采集者追求的是增进我们对自然世界的理解。冒险是相似的，工作同样艰苦，但动机却有微妙的不同（不是微妙的不同，而是巨大的不同——译者）。

　　在摩尔去世后，他的两位同事，邱园的约翰·德兰斯菲尔德（John Dransfield）和康奈尔的娜塔莉·乌尔（Natalie Uhl），完成并出版了他的毕生心血，一部关于全世界棕榈科中所有属的汇编。他们表示，完成这本书是他们"一生中最感兴奋的项目"，对摩尔这位伟大的采集家和知识探索者来说，这就是最好的致敬了。

　　棕榈既激动人心，又充满浪漫气质。对许多人来说，它们象征着热带，

---

①　已归并入异苞椰属（*Heterospathe*）。

椰子（*Cocos nucifera*）被誉为"自然赐予人类的最大礼物"。打开一个青椰子，会得到美味的椰子汁；但等到果实成熟时，椰子汁就没有了。这体现了胚乳的发育过程：在青椰子阶段，胚乳还未完全成形，是胶状和黏滑的，里面的汁水是胚乳的液态部分；但随着时间的推移，胚乳会变硬形成固态，这就是我们在市面上能买到的白色的椰肉。

诸如海滩上摇曳的椰子树，抑或雨林冠层中茕茕孑立的身影。在热带地区，人们既用棕榈的树干造房子，也用它们的叶子盖屋顶。盖在屋顶的草都来自棕榈。除了作为建材，棕榈在食物资源方面也极其重要。我们在圣诞节吃的椰枣是海枣（*Phoenix dactylifera*）的果实；亚马孙地区的人们食用湿地棕（*Mauritia* sp.）覆满鳞片的果实来摄入维生素 A；而椰子是世界各地海滨居民饮食的重要组成部分。棕榈身上能吃的不止果实，还有一些出人意料的部分，其中最独特的是东南亚的西谷椰（*Metroxylon sagu*）。

　　要明白西谷椰的吃法，首先得深入了解植物的生命周期。大多数植物是多年生的，也就是可以活很多年。在达到生殖年龄后，大部分多年生植物都

119

会周期性地开花：玫瑰年复一年地开花，松树每隔几年就会结出很多松果，有些兰花则会在一生中不停地开花。然而，有些植物只开花一次就死了。常见的一年生植物，如罂粟和黑种草（*Nigella damascena*）都是很好的例子，不过它们在繁殖前的生长时间很短。真正令人惊叹的是那些巨大且长寿的多年生一次开花植物。这些植物在长到看起来像是成年的大小后，可能会很多年不开花结果，似乎是不育的。但其实它们在暗自储存能量和营养，将所有储存的养分集中投入一次壮观的开花结果，随后耗尽养分而死亡。在许多多年生一次开花的棕榈中，例如贝叶棕（*Corypha umbraculifera*），开花时产生的花序和之前的树冠一样大；伟大的热带生物学家 E.J.H. 科纳（E. J. H. Corner）将其描述为"像是古生代地球上最早的森林里才会有的奇特花序"①。西谷椰也是多年生一次开花植物，人们收集它储存于树干中的淀粉作为粮食。西谷椰需要生长 15 年以上才适合收获，收获的时机至关重要：太早的话淀粉积累不够，太晚就被植物消耗在花序发育上了。砍伐树干的最佳时间是开花之前三年，因此经验至关重要，在西米作为主食的地方，村民们非常擅长估算这个时间。一旦时机成熟，人们就把西谷椰砍倒，从树干中挖出富含淀粉的髓，在水中捣碎以释放淀粉颗粒，然后立即食用或干燥制成颗粒状的西米。阿尔弗雷德·拉塞尔·华莱士对西米的收获规模和效率感到惊讶："整个树干可能有 6 米长，将近一人合抱那么粗（周长 1.2–1.5 米），但只需要很少的人力就能转化为食物。目睹这一过程确实令人惊叹。"西谷椰是一种高产的食物来源，也是东南亚岛屿上伟大的西米文化的基础。虽然砍伐树干会彻底杀死植物，看似不可持续，但大多数西谷椰的树桩会从地下长出新的萌芽，进而长成新的树干。这些树干会在十几年后再次被收获，也有可能得到开花结果的机会。

　　多年生一次开花，或称为一次性开花，在植物学中相当于孤注一掷。将一生的积蓄集中在一次巨大爆发中似乎并不划算，但在特定条件下，从进化角度来看是合理的。一次性开花的棕榈树可能因为巨量的花朵吸引了更多的

---

① 古生代没有被子植物，当然也就不会有花序。这个比喻指的是当时有些植物长得异乎寻常的大。

露兜树（*Pandanus* spp.）的习性非常像棕榈树。它们通常有很多扎人的支柱根，花序包裹在大船形的佛焰苞中，但相似之处也仅限于此。露兜树又称"螺旋松"，其长长的剑形叶子沿茎扭曲生长，结出的聚合果看起来像菠萝，深受鸟类和人类的喜爱。

The ripe fruit of the Pandanus
Nat: Size

传粉者，从而增加了成功授粉的概率；巨量的种子一次性进入环境，可能会远超种子掠食者的胃口，使更多的种子得以存活。总之，很多情况下一次性开花对植物都是有利的。植物世界充满了悖论。

121

由于绝大多数棕榈都是由单一的顶芽生长而成，切除顶芽就会导致它们死亡。食用菜椰（*Euterpe edulis*）曾是野采棕榈芯的主要来源，它的属名来自希腊神话中主管音乐的缪斯。棕榈芯确实很美味，但当你意识到为了获取这种奢侈品需要摧毁整株植物时，恐怕就没那么容易下口了。所有棕榈的幼嫩顶芽都可以吃，但食用菜椰的顶芽被认为是最美味的。由于只有单独的茎，而且不像西谷椰那样会产生萌蘖，过度采集让食用菜椰在一些地方已经灭绝。所幸，巴西的植物学家开始尝试人工栽培食用菜椰，并开发出具有丛生茎的品种，以期拯救它的野生种群。市面上出售的棕榈芯还包括其他一些物种。在巴拉圭，白蜡棕（*Copernicia alba*）在湿润的查科草原上大量生长，它的种子由美洲鸵鸟传播。秉承可持续发展的理念和方法，人们开始在该地区收获白蜡棕的棕榈芯。

　　看起来极其坚韧的棕榈，实际上可能非常脆弱，但只要我们有足够的关心和知识，就能与这些被林奈恰当地比喻为"壮年兵"[①]的奇妙植物共同分享我们的世界。

像西谷椰一样，贝叶棕（*Corypha umbraculifera*）也是多年生一次性开花植物。这种植物在经过50-70年的营养生长后才会开花，巨大的花序本身就高达5-6米，宽度超过10米。开花后结出的大量小型果实需要一年多的时间才能成熟，之后整棵贝叶棕便会死亡。这是实实在在的巨大成本，不仅是象征意义，因为贝叶棕在开花前可以长到近30米高，树干直径可达1米。

---

① Principes，罗马共和国早期兵种，其中都是家境富裕的壮年男子，负担得起优良的装备。

雏菊和向日葵

你已完成世间的任务，回到家中，领取报酬；

无论是金童还是玉女，

终将如扫烟囱的工人般，化为尘土。

——《辛白林》(Cymbeline) 第四幕第二场，

威廉·莎士比亚 (William Shakespeare)，16 世纪晚期

菊花的花蕾发育和开花，是由秋季夜晚变长所触发的。在温室中调整昼夜长短，可以让种植者全年生产用于切花市场的花朵。在中国，秋季赏菊的传统仍然保持着，就像 18 世纪时一样，当时皇帝的宫殿从秋天到冬末都会用菊花装饰。

雏菊、向日葵、蓟和蒲公英，这些莎士比亚笔下的"金童"，都是菊科（Asteraceae）的成员。菊科有两个学名，Asteraceae 和 Compositae。前者来自紫菀属（*Aster*），意思是星星，这个名字很容易理解，因为很多菊科植物的花都呈星形且非常耀眼。但后者所说的"复合"（composite）是什么意思呢？仔细观察雏菊或向日葵的花，你会发现，远看似乎是色彩鲜艳的单一花朵，实际上是一簇紧密排列的花，看起来像一个整体。这种称为头状花序的结构是菊科所有成员的共同特征，但除了这个特征之外，该科植物的多样性之高令人难以置信。由于头状花序整体看起来像是一朵花，所以其中真正的单朵花被称为"小花"——它们确实是花，但非常小。以雏菊为例，中心部分是管状的黄色小花，从外向内依次开放，黄色花粉清晰可见。这些管状花也叫盘花，非常形象，因为它们确实排列成一个亮黄色的圆盘。围绕管状

花的是一圈白色的舌状花，看起来就像普通花朵的花瓣。舌状花在花序中的数量并不固定（否则"爱我、不爱我"的游戏就不会那么有趣了！），它们也有管状的花冠，但不像管状花那样在顶端有五个大小相等的裂片，而是高度不规则、以各种方式融合和延伸，形成一个不对称的结构，看起来像一个勺子。这些外围的舌状花有时是无性的，不会结果，似乎只是为了装饰。围绕在舌状花外面的是总苞，也就是保护头状花序的特化叶片。我们当蔬菜吃的刺苞菜蓟（*Cynara cardunculus*），其实是这种植物未成熟的花序，但被吃掉的是总苞片的底部和花序托，花是不能吃的。

124　　　　将所有的管状花和舌状花摘掉后，剩下的就是花序托。菊科的花序托是一种扁平或圆顶状的结构，花朵就生长在上面。花序托上通常长有很多鳞片或刚毛，植物学家还没完全弄清楚这些结构的来历，它们可能是每朵小花上附生的鳞片，也可能是散布在小花之间的苞片。无论来历是什么，它们在菊科植物的分类中都是非常重要的形态性状。菊科植物的花还有一个特殊之处，就是它们没有传统意义上的萼片。小花的花冠直接长在子房上，后者会发育成单种子果实（比如葵花籽）。果实顶部有一圈叫作冠毛（pappus）[①] 的结构，可能是毛状、鳞片状或者刺状。冠毛的形态在菊科分类中也非常重要，也正是它们让蒲公英像降落伞一样飞翔，让蓟的果实随风飘散。

　　　　菊科植物的管状花和舌状花有近乎无穷无尽的组合方式。菊科是最大的开花植物家族，没有之一，拥有超过 25000 个物种，堪称多样性的宝库。有些菊科植物，比如蓟属，只有管状花，排成形状规则的亮紫色花序。雏菊和向日葵既有管状花也有舌状花，舌状花像花瓣一样围绕着管状花。还有一些种类只有舌状花，比如蒲公英，它的花序由一团带状的黄色小花组成。管状花和舌状花的不同排列方式，被用来界定家族内的分支，因为要理解这样一个庞大而多样的植物家族，必须按照一定的逻辑将其划分为较小、更易管理

---

① 冠毛就是萼片特化形成的。

的群体。这就是分类学的工作原理，利用物种的共有特征来划分由共同祖先的所有后代组成的群体（术语叫单系群）。菊科植物花序的多样性使得研究这些植物的工作非常有趣，因为发现自然界的模式，无论是物种间关系的模式还是生物体结构的模式，都是令人兴奋的。分类学家不仅能欣赏诸多美丽的生物，还能体验到现实生活中的寻宝游戏，寻获的宝藏就是对生命进化历史的理解。

在向日葵那硕大的头状花序中，管状花的排列方式让人眼花缭乱。如果忍住头晕仔细观察，你会看到向左和向右的两组螺旋线交错在一起。这类螺旋图样不仅吸引了植物学家的兴趣，也引起了数学家的关注，它们是自然

125

毛七年菊（*Syncarpha vestita*）俗称"好望角之雪"。这种植物在开普半岛上大片生长，当它们开花时，地面一片白茫茫，好像下雪了一样。这白色并非来自花朵，而是源于围绕头状花序的闪亮的纸质总苞片，花朵实际上是紫色的。

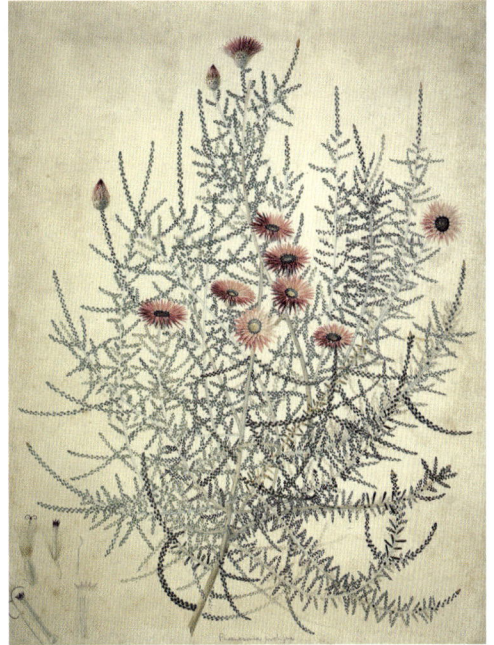

这幅图详细地描绘了奇妙的麦菊木（*Phaenocoma prolifera*，俗称南非永生花）的管状花的解剖特征，小花中的 5 枚雄蕊贴着花冠生长，花药紧密地合生成管状，二裂的雌蕊柱头从花药管的中间穿过。了解了这个结构，你就会知道为什么研究雏菊、向日葵和它们的菊科亲戚的植物学家会被称为"聚药雄蕊学家"（synantherologist）。

界中斐波那契数列的优美体现。斐波那契（Fibonacci）是 12 世纪至 13 世纪生活在意大利比萨的一位数学家，他的名字"斐波那契"是"菲利乌斯"（Filius，意为儿子）和"博纳乔"（Bonaccio）的简写，意为"博纳乔之子"。博纳乔可能是他父亲的名字，或者就是他们家族的姓。在中世纪欧洲，姓氏并不像今天这样人人都有，史密斯或者琼斯之类的姓当时还没有诞生。斐波

约瑟夫·班克斯和丹尼尔·索兰德在"奋进"号的远航中采集了很多植物，但并非所有种类都是大而夺目的。这种来自植物湾的小菊花，黄花刺冠菊（Calotis lappulacea），直到班克斯返回后近 100 年才被命名。显然，他们采集的引人注目的新奇植物太多了，这种平平无奇的小菊花难怪会被忽视。

那契的名字很多，其中一个叫列奥那多·比萨诺（Leonardo Pisano），意思是"比萨的列奥那多"，还有一个叫列奥那多·毕格罗（Leonardo Bigollo），毕格罗的意思是"旅行者"或"无用之人"。我们不知道这个名字意味着他是一个经常旅行的人，还是他觉得自己的工作毫无意义。但实际上，斐波那契的数学工作非常有价值，他是最早将印度 - 阿拉伯数字系统（也就是 1、2、3……这种数字写法）引入欧洲的人之一。1202 年，他写了《算盘书》（*Liber Abacci*），书中讨论了这一对欧洲人来说很新的计数系统，并提出一个问题让读者练习计算："一对兔子被放在田野里，如果兔子一个月后性成熟，并每个月生一对新兔子，12 个月后会有多少对兔子？"假如没有兔子死掉或逃跑，答案就会是一系列数字（1，1，2，3，5，8，13，21，34...），每个数字都是前两个数字之和。19 世纪的法国数学家爱德华·卢卡斯认识到这一数列的重要性，并将其命名为"斐波那契数列"。这种式样出现在许多意想不到的地方：族谱、蜜蜂的亲属数量、海螺壳的螺旋、很多种花朵的花瓣数目……以及菊科植物花序中的小花排列方式。如果你仔细数数这些头状花序中的螺线数量，先数向左转的，再数向右转的，你会发现无论各有多少条螺线，它们总是斐波那契数列中的两个相邻数。自然物体会"遵循"一个神秘的数学序列，看起来有点奇怪，但实际上很合理，因为小花的排列需要适应各种大小的花序，从指甲盖大的洋甘菊到餐盘大的向日葵。通过斐波那契数列模式，小花在花盘中的排列在各个区域都是最佳的，中间不拥挤，边缘不稀疏，所有的果实或种子都有平等的机会达到合适的大小，确保有效的生长和传播。毕竟，花是植物繁衍下一代的工具，而不仅仅是供我们观赏的。这种最佳排列遵循另一条惊人的数学"规则"：每个小花从幼嫩花序中的分生组织分化出来时，都和前一朵花成大约 137.5° 角。螺旋形的排列方式就是这么发育出来的，毫无意外，这个角度被称为斐波那契角。

126

　　如果你将斐波那契数列中的每一个数字除以前一个数字，商都接近于同一个数值：1.618，这就是黄金比例（也称黄金分割或黄金平均数）。有趣的这幅画中的两种菊花有着诗意的名称，黄色的叫黄罗伞，白色的叫秋波白，显然都是根据花色起的名。

127

是，螺旋都围绕花序轴从中心到外部，每圈小花的数量大概呈斐波那契数列排列。黄金比例是一个无理数，就像圆周率，它不能精确地表示为分数。在诸如金字塔等很多经典的艺术和建筑作品中，以及在自然界的许多生长形式中都能看到，与斐波那契数列类似，但更加普遍。它在向日葵花盘中的出现并非源于自然界的神秘力量，而是由于种子在头状花序中发育所受到的物理限制。种子需要在有限的空间内高效排列，以保证在整个生长过程中都能和母株紧密相连，而符合黄金分割的生长顺序帮助它们解决了这个问题。自然界中有各种各样的数值模式，与其说它们是定律，倒不如说是迷人的趋势。由于生物的实际生长情况，这些数值关系不总是像模型中那样精确，但它们确实非常普遍，因此自古以来就激发着人们的探索欲。

　　尽管菊花那蓬松的"花朵"看起来与向日葵花盘的数学精确性毫无关系，但它们毕竟也属于菊科。如果我们仔细观察，会发现菊花的小花也按照斐波那契螺旋排列。然而，菊花真正的吸引力体现在别的地方。在北半球的某些地区，人们厌恶菊花，因为菊花一开就意味着寒冷黑暗的冬天即将到来。但在中国，菊花被视为长寿和战胜逆境的象征。菊花是儒家品格的象征之一，菊花在万物凋零的秋天而不是生机勃勃的春天盛开，儒者也会因为坚守原则而忍受艰难困苦，像高尚的隐士一般生活。最早的中国菊花是黄色的，早在公元前7世纪就被当作秋天的象征[①]。在唐朝（8世纪），菊花的选育和栽培开始蓬勃发展：白色品种开始出现，随后诗歌中提到紫色品种，甚至被用于插花。所有这些园艺品种都是通过选择性育种和栽培诞生的，但它们最初的起源尚不清楚。栽培菊花是一个复杂的杂交种，很可能是多个野生种杂交的结果（菊花的学名是 *Chrysanthemum* x *morifolium*，其中的"x"表示它是一个杂交种）。经过了这么多个世纪的反复杂交和选育，要确定菊花的野生祖先已经变得极其困难。

---

① 见《礼记·月令篇》，"季秋之月，鞠有黄华"。

秋波白　　黄羅傘

　　中国菊花品种的爆发性增长发生在 10 世纪末到 19 世纪初之间，可能是因为与日本之间的品种交流。早在 10 世纪初，刘蒙编写了《刘氏菊谱》，这是世界上第一部关于菊花园艺的专著。从这本书看来，当时中国人栽培菊花的方法有些非常精妙，有些却极其古怪。书中介绍了很多优良的种植方法，施肥、修剪和嫁接都有详细的介绍；但也有人相信，在栽种新的菊花时，先把一整朵枯萎的花埋进土里，就能引起变异。这种方法也许碰巧真的"起效"过，大多数迷信就是这样产生的。书中记载了相当先进的嫁接技术，园丁能把多个品种的枝条嫁接到同一棵砧木上，形成一株菊花开多色花朵的奇景。为了提高某些娇弱的栽培品种的生命力，它们的枝条被嫁接到野生的其他菊科植物身上，如艾蒿①。嫁接后的植株拥有强健的根茎，足以支撑起硕大的花朵。对于苏格兰植物猎人福钧来说，这些花朵"对于那些只在原生的茎上见过它们的人来说相当奇特"。黄色的菊花在 17 世纪末被引入欧洲，1764 年开始在伦敦的切尔西药用植物园栽培，但随后就失传了。

　　19 世纪初，菊花重新进入欧洲，东印度公司的约翰·里夫斯（John Reeves）引进了很多品种。1842 年，声名狼藉的鸦片战争结束后，中国通过香港对外国的植物采集者打开了大门，里夫斯因此鼓励伦敦园艺学会派遣专人前往中国采集植物。彼时，园艺学会刚刚聘请了年轻的福钧，作为设在伦敦西部奇西克的温室部门主管。当时采集家的年薪只有 100 英镑，和几十年前相比没有增长。福钧领着这份薪水做了不到 11 个月的采集工作。由于园艺学会支付的薪酬太低，他仅为学会进行了一次采集旅行，随即转投薪资更高的英国东印度公司。福钧在中国和日本总共工作了 19 年，把许多深受人们喜爱的植物引入英国，包括秋牡丹〔打破碗花花（*Anemone hupehensis*）及其杂交品种〕、白花紫藤（*Wisteria sinensis* 'Alba'）和冬季开花的茉莉〔迎春花（*Jasminum nudiflorum*）〕。他曾伪装成中国人，穿中式衣服，剃光头，

①　原文为豚草，原产美洲。宋朝时期不会用美洲的植物来嫁接菊花。

留辫子，以逃避清廷对外国人的旅行限制。只有这样，他才能在以美丽花卉著称的苏州苗圃里采集植物[1]。在旅途中，福钧躲在船上过夜，以避免引人注意，但一天晚上他的所有衣物都被偷走了。他并没有因此收手，而是派仆人去新买了一身衣服，然后继续他的任务。他寄回伦敦的第一批植物中有两株花朵较小的菊花，后来用它们培育出了今天的球状菊花品系。

有一次福钧去参观东京郊外一个以菊花闻名的苗圃，看见了与他在中国所见迥异的菊花品种。近 20 年的经验告诉他，这些品种将在欧洲的菊花园艺界掀起一场革命。由于对菊花的嫁接技术了然于胸，福钧给他的线人做出了详细的指示，派他们剪下了合适的枝条，并拿回来交给他本人，而不是按照预定计划，次日通过英国公使馆的外交邮件寄出。为确保植物安全到达英国，他常将每批植物分成三到四份，通过不同时段的不同船只发送。福钧性格多疑，擅长伪装，这让他的偷盗行为经常获得成功。[2] 经他之手，超过 200 种植物被引入英国，其中包括一些令人难以置信的菊花品种。

如今，菊花的品种极大丰富，从福钧带回来小型球状菊花到巨大的狮子头菊花应有尽有。其中一些变异是后天人为造成的，比如通过精心修剪可以培育出巨大的花朵。菊花的颜色之多，同样令人惊叹，从原始的黄色到亮黄、橙色、酒红、赭色、紫色，以及介于这些颜色之间的所有色调，甚至还有绿色。有些栽培种既有中心的管状花也有边缘的舌状花，看起来像一年生的茼蒿（*Glebionis coronaria*，原文为 crown daisy）；有些则仅有大型化而蓬松的舌状花。这种多样性展示了选择在利用自然变异时的强大作用。人们的想象力在这些壮观的花卉上得到了充分的发挥。

很多菊花看起来极尽奢华，但菊科很多野生种类的花都小而不显眼。这些植物有时也会因与人的特殊联系而动人心弦。例如，加利福尼亚特有的灌

130

---

[1]　不告而取是为偷。

[2]　此处表述语气较原文有所修改。

木片麸菊（*Eastwoodia elegans*），这种植物长有小黄花和黏性叶子，和兔刷菊属（*Chrysothamnus*）的亲缘关系很近。它的属名来自 19 世纪到 20 世纪初的著名博物学家艾丽丝·伊斯特伍德（Alice Eastwood），以纪念她波澜壮阔的一生。

伊斯特伍德生于加拿大，从小对植物充满兴趣，并几乎用她 94 年的全部生命来研究植物学。她的采集家生涯始于高中生时期，在读书和之后当中学老师的阶段，她经常独自一人在科罗拉多州的高洛基地区骑马或徒步采集植物。起初她是按照传统女性的方式骑侧鞍，但不久后改为跨骑，并设计了适合女性采集者的新式服装。虽然这对今天的女性采集者来说是寻常之举，但伊斯特伍德是在维多利亚时代（1800 年代）做到这一点的。当世界著名博物学家、时年 60 岁的阿尔弗雷德·罗素·华莱士（Alfred Russel Wallace）经过丹佛时，年轻的伊斯特伍德小姐带他爬上格雷斯峰欣赏高山植物。没有人比她更合适了，她后来也提到，这是她一生中最伟大的经历之一。

1892 年移居加利福尼亚后，伊斯特伍德应邀接替退休的托马斯和凯特·布兰迪吉（Kate Brandegee），在旧金山的加州科学院植物标本馆担任联合馆长，拓展馆藏的植物标本规模。然而，1906 年的旧金山大地震几乎摧毁了她辛苦建立的标本馆。她勇敢地冲进摇晃的大楼，在火灾的威胁下，从位于顶层的植物标本室中救出了超过 1000 份模式标本[①]。如果不是她的壮举，后果不堪设想。她对损失的看法反映了她坚强和不屈不挠的精神："这对科学界和加利福尼亚都是巨大的损失。我自己的工作虽被毁，但我从中获得的快乐无法抹去，我仍可在重新开始时找到同样的快乐。"她不仅重启了工作，还与助手约翰·托马斯·霍威尔（John Thomas Howell）合作，一起在美国西部收集了超过 30 万份植物标本，建立了世界级的植物标本收藏。有些讽刺的是，以她命名的菊科植物〔指片麸菊属（*Eastwoodia*）〕并没有出现在同时代

---

① 指描述发表新物种时依据的那一份标本，对分类学来说极其重要。

的威利斯·林恩·杰普森编写的《加利福尼亚开花植物手册》(*Manual of the Flowering Plants of California*)中。

亚历山大·亨利·加布里埃尔·德·卡西尼(Alexandre Henri Gabriel de Cassini),19 世纪早期法国菊科研究的开创者。他的职业生涯曲折多变,由于大革命后家族遭到迫害,从原本从事的天文学转向法律。他毕生研究欧洲的菊科植物,如上图的辐枝菊(*Anacyclus radiatus*)[1]。卡西尼说:"专注于研究身边那些形态多样且优雅的植物,我可以自由地对其进行切割、解剖,而不必感到内疚。"

1776 年,一名艺术家在"孝先生的花园"中画下了这株毛叶向日葵(*Helianthus mollis*)。在北美殖民地宣布独立的同时,这种植物也开始在欧洲园林中确立自己的地位。作为土著物种,向日葵属植物在美国和加拿大中西部的大草原广泛分布。它们鲜艳的黄色花朵会随着日照方向转动,以最大化地利用阳光,促进花盘中心的种子发育。

---

[1]　原文是 *Anacyclus valentina*,是同属的杂交种瓦伦西亚辐枝菊(*Anacyclus × valentinus*)的错误拼写。

西番莲

它永恒不朽，却蕴藏着死亡。

从未有人目睹过更伟大的盛放。

如果你渴望了解它的名字，

这朵花与耶稣相似，

它就是基督。

——《受难之花》（*Flos Passionis*），西格诺尔 F. B.（Signor F.B.），
载于贾科莫·博西奥（Jacomo Bosio）的《胜利与荣耀的十字架》，
1609 年

在中国，西番莲有时被称为"热情花"或"热情果"，这是它的英文名称（passionflower）的直译①。然而，这里的"热情"实际上指的是耶稣基督的受难，所以这种花更多地与宗教而非浪漫联系在一起。许多植物在基督教中具有象征意义，例如玫瑰和百合，在中世纪时都被广泛使用。其实圣经里没有写这些植物，因为耶稣的教导根本没有提到它们，象征意义都是后人造出来的。随着传教士通过慈善和暴行将基督教传遍全球，他们也为新的土地

---

① 原文为对许多人而言，"西番莲"（passionflower，直译为"热情之花"）这个名称可能让人想到浪漫情调。

133

深红西番莲（*Passiflora kermesina*）原产里约热内户，1826 年依据柏林植物园中的栽培个体描述发表。它在欧洲长期栽培，并被引种到世界各地的植物园中。深红西番莲很容易与同属其他物种杂交，是今日众多杂交品种的亲本。

创造了新的象征。这是为了向信徒证明，他们的信仰是正确的，他们正在传播神的教义。西番莲便是这类象征之一。关于它的故事有很多版本，而且随着欧洲人发现了越来越多的该属植物，故事也发生了变化。西番莲作为"受难之花"成为基督教的象征，是在西班牙人试图寻找前往印度的新航线并意外发现美洲之后的事。

　　西班牙征服新领土后，科学性或系统性收集的植物信息传到欧洲的速度非常缓慢。这是因为 1556 年颁布的一项王室法令禁止出版任何包含西班牙殖民地信息的书籍，目的显然是阻止竞争对手——尤其是英国人，了解这些地区可能带来的财富或利益。出版此类信息需要获得印第安理事会的许可，而实际上这些许可从未被批准过。这种限制政策与西班牙对自然和民族学研究的财政支持形成了鲜明对比。1750 年，西班牙政府资助了弗朗西斯科·埃尔南德斯（Francisco Hemández）为期五年的探险行动，他据此写出了 16 卷关于墨西哥的博物学著作。这些珍贵的资料一直躺在马德里的埃斯科里亚尔图书馆中发霉，直到与图书馆一起毁于 1671 年的火灾。幸运的是，部分插图和文本的复制品得以保存，并于 17 世纪中期在罗马出版。埃尔南德斯从墨西哥归国一年后即潦倒失意而死，因为政府停止资助后，他一直自掏腰包继续研究新大陆的自然，这种奉献行为只坚持了两年时间。关于新世界植物和动物的信息，主要通过宗教途径渐渐泄露。除了征服者外，西班牙还派遣了来自多个不同修道会的传教士，旨在将基督教传播至新领土。

　　17 世纪初期，罗马的修道院学者贾科莫·博西奥，正在撰写一篇关于各各他十字架的虔诚而深刻的论文。一位来自墨西哥的奥古斯丁会修士到访，向他展示了一幅画，上面画着一朵极其特别的花。博西奥一开始难以相信这朵花是真实存在的，因为其形态之奇特超出了他的想象。他认为这幅画一定有所夸张，因为在欧洲绝对见不到与之相似的花。陪同征服者前往新大陆的耶稣会士已经注意到，那里的植物和动物与欧洲的明显不同，这甚至让他们推测上帝用了另一种方式来创造美洲，但博西奥仍然持怀疑态度。对他而言，

134

这朵花似乎又一次证实了他文章中通篇讨论的主题——十字架的胜利。由于担心犯下傲慢之罪，他最初犹豫不决，没有把这朵花写进自己的著作。然而，随着更多关于这朵花的图像和描述从墨西哥经耶稣会传至罗马，相关的绘画、论文和诗歌也在波洛尼亚的多明我会教区传播，博西奥终于相信这朵花真实存在。最终，他觉得自己掌握了不可动摇的铁证，并认为自己有责任将受难之花的奇迹故事介绍给全世界。

博西奥认为，这朵花不仅象征各各他十字架，还象征着耶稣受难的神秘历史。这朵花的结构对没亲眼见过它的人来说是不可置信的，每个部分都充满了深刻的意义。花中央的柱状结构代表十字架，从其基部辐射出来的副花冠（围成环状的丝状体）象征耶稣基督头戴的荆棘冠，其中 72 条丝状体[1] 对应着荆棘冠上刺的数量。丝状体的尖端染有玫瑰粉红色，代表基督受鞭打时溅出的血。雌蕊有三个柱头，象征钉在基督身上的三根钉子，而柱底的五个红色斑点则象征基督的五处伤口[2]流出的血。有些作者认为象征伤口的是五枚雄蕊，但博西奥对西番莲的描述与植物的真实结构大相径庭，其象征性解释充满了艺术想象力。在博西奥的原始描述中，受难之花的叶子呈长矛形，带有暗色圆点，象征犹大得到的 30 枚银币；花蕾呈轻微的钟形，开放仅仅一天之后，花朵又闭合成钟形。博西奥认为，这种形态的变化可能蕴含着上帝的无限智慧，意在表明十字架和耶稣受难的神秘含义应对新土地上的异教徒保持隐秘，直到神圣的预定时刻。西番莲被视为"胜利的十字架"的象征，预示着基督教的终极胜利。

在当时，人们普遍信奉"印记学说"，即认为每种植物都有其特定的用途，这一用途通过其形状或体态显现。因此，西番莲被视为上帝神迹的真实证据，这一观点在当时社会中被广泛接受。随着时间的推移，尤其是当西番

135

---

[1]　丝状体的数量不是固定的。

[2]　双手双脚和心脏各一处。

双花西番莲（*Passiflora biflora*）叶子背面的黄色腺体不仅起到装饰作用，还具有生态功能。这些腺体能够模仿袖蝶属蝴蝶（*Heliconius*）的卵，这类蝴蝶的幼虫以西番莲的叶子为食。通过这种拟态，双花西番莲欺骗打算在叶子上产卵的雌蝶，让它们误以为之前已经有其他雌蝶在这里产卵了。新叶上的腺体与蝶卵尤为相像，因为如果这里被吃了的话，对植物的健康和生长影响最大。

Granadilla folio lunato; flore parvo, albo; fructu succulento, ovato. Houstoun...

莲属的植物开始在欧洲广泛种植后，后来的作者不得不调整故事，以适应他们身边的西番莲种类，但耶稣受难的基本元素仍保持不变。在后期版本中，总计 10 枚的花瓣和萼片代表了在耶稣受难时在场的 10 个使徒（缺席了彼得和犹大），而三枚大型的苞片象征着圣父、圣子和圣灵的三位一体。到了 17 世纪末，原产巴西的西番莲（*Passiflora caerulea*）被引入欧洲种植。其掌状五裂的叶子被看作是针对耶稣的控告者之手，而藤蔓则象征束缚他的绳索。今天，这种植物在"花语"中仍然有一席之地，不仅象征着基督教信仰，也讽刺地象征着人们的轻信。

即使不从其结构中寻求任何深奥的象征意义，西番莲那惊人的美丽仍然吸引着人们的注意力。五枚萼片和五枚花瓣是很多植物的标配，但西番莲的副花冠是绝无仅有的。副花冠由花瓣内侧的附属物构成，生长在花瓣和萼片结合形成花管的部位。副花冠的结构对西番莲的分类学至关重要，其中的丝状体会排成若干轮，不同种类中丝状体由一轮到七八轮不等，长度也各异。通常，最外层的丝状体最长，并且经常带有彩色条纹，例如博西奥描述的"受难之花"的粉红色。内层的丝状体通常较短，颜色更深，有时顶端膨胀或呈剑形。最内层的丝状体向花心生长，形成一个盖子，遮盖住花管。所有西番莲的花管内都能产生丰富的花蜜，副花冠形成的盖子可以防止其暴露在空气中干燥。从花冠的中心伸出的是一个复合结构，它由几个花部器官合生形成，高高托起花的生殖器官——子房和雄蕊。这就是被比喻为十字架的部分，植物学上称之为"雌雄蕊柱"。它的顶端是子房，带有三个花柱，每个花柱顶端都装饰着一个通常呈鲜绿色或黄色的大柱头，花粉就在这里萌发和生长，以使胚珠受精。紧挨着子房下方的是五个硕大的雄蕊。在雄蕊顶端，是包含花粉的花药，其背面中央有极细的铰链状结构与花丝相连。很轻的触碰就能让花药随意摇荡，看起来像是用细杆顶着盘子的杂技。看到所有这些复杂的结构，或许也就不难理解为什么这朵花被赋予如此之多的象征意义了。

西番莲起初以其独特的花朵闻名，如今它们的果实同样广受喜爱。过去，这些果实仅在热带地区出售。北半球的人们很少有机会品尝到热带水果，不要说西番莲了，就连菠萝或香蕉都不容易吃到，因为长途运输水果不仅成本高昂，而且风险极大。得益于现代的空运技术和高效的冷藏存储方法，热带水果已不再是普通人难以触及的奢侈品。西番莲属植物种类繁多，果实大小和颜色各异，从直径仅 1 厘米的蓝黑色小球 [①]，到大果西番莲（*Passiflora*

----

① 如细柱西番莲（*Passiflora suberosa*）。

quadrangularis）重达 1 千克的巨大椭圆形果实。所有西番莲果实内部都有被多汁果肉包裹的种子，野生种的果肉通常较酸，而栽培品种则酸甜可口。以食用果实为目的栽培的西番莲主要有四种，全部源自新大陆。其中，原产巴西的百香果（*Passiflora edulis*）在商业上最为重要，现在被广泛种植于全球热带和亚热带地区，既能新鲜食用也用于制作果汁。19 世纪时，这种西番莲

大果西番莲以其庞大的果实而闻名。1835 年，来自布里斯托尔的约翰·米勒先生在当地的花卉展览会上展出了一只近 4 千克重的果实，不用说，他当然赢得了冠军！不过，这种植物的学名实际上源于其具有四条纵棱的茎，这一特征在詹姆斯·索尔比（James Sowerby）的版画作品中表现得非常明显。

已在热带澳大利亚开始商业化种植。到了 20 世纪 60 年代，夏威夷的农场每年可产出多达 9900 吨的百香果。随着全球消费者对这些热带果实口味日益喜爱，市场需求持续增加，目前已经开发出多种不同果皮或果肉颜色的新品种。此外，许多鸟类和蝙蝠也喜欢食用成熟的西番莲果，它们同样被包裹种子的甜美果肉所吸引，与人类享受这种果实的方式颇为相似。

尽管所有西番莲花都遵循一个基本的花朵结构模式，但在西番莲属中，花的大小、颜色和形状却有着极大的多样性。花朵形态的多样性意味着对不同传粉者的吸引，例如，新世界热带地区的亮红色花朵吸引蜂鸟；而那些散发甜美香气的白色花朵则吸引蜜蜂；还有些花朵垂挂下来，花冠呈碗状，这样的结构通常吸引蝙蝠。西番莲的花是雌雄异熟的，柱头和雄蕊成熟的时期错开了，从而极大地增加了借助动物异花授粉的机会。不过，西番莲与其他生物之间最为紧密，或者说最为特化的关系，是与一群特定种类的蝴蝶之间的互动，这些蝴蝶的幼虫专门取食西番莲的叶子。

在南美的热带雨林中，色彩鲜艳的袖蝶只在特定的西番莲属植物上产卵。这类蝴蝶的翅膀上，红色、黑色和黄色交错，引人瞩目。它们在林间空地和小径上缓缓飞舞，不断地停下来检查植物。当雌蝶找到一个合适的产卵场所时，她会仔细检查植物的叶子，并全面评估这个区域，以确定这里是否值得冒着风险产卵。如果她发现了幼虫爱吃的西番莲属植物，就会在嫩枝的尖端产下橙黄色的卵。毛毛虫一孵出来，就开始贪婪地啃食幼嫩的西番莲茎叶。这对毛毛虫而言是一场盛宴，但对西番莲来说却意味着不断失去生长点，因此后者必然要做出一些应对。这两类生物之间的互动，是协同演化的经典案例，展示了生物如何通过相互影响来促进彼此的演化。

在许多协同演化的案例中，植物和昆虫都从它们的相互关系中获益，这种互惠互利的现象常见于传粉过程中，其中传粉者和被传粉者都得到了回报。但当互动中只有一方受益，而另一方受害时，这种关系就表现为寄生。在寄生性的互动中，我们可以观察到演化的"军备竞赛"，参与双方都在针对对

137

138

西番莲不仅因其迷人的花朵而被广泛种植，其果实也同样受到欢迎。市面上最常见的是百香果的紫色果实，但其实黄色的果实也不少见。这些果实的硬壳内有大量种子，每个种子外部都包裹着一层酸味浓郁得多汁假种皮，我们享用的正是这个部分。

方发展防御策略。西番莲对蝴蝶幼虫已经发展出了完善的化学防御机制，但袖蝶也已经找到了绕过这些防御的方法，它们的幼虫不受西番莲叶中毒性生物碱的影响。另外，尽管植物是无法移动的生物，它们也能进行反击。例如，某些西番莲种类长有尖锐的钩状毛发，如果倒霉的毛毛虫被挂住，身体就会被撕裂，继而失血死亡。此外，西番莲的叶形非常多变，这也被视为一种防御机制，用来迷惑寻找产卵地点的雌蝴蝶。因为这些蝴蝶在寻找产卵场所时不仅依赖形状，还会详细检测它们落脚的叶片，甚至还会使用化学信号来辅助判断。西番莲藤巧妙地利用了袖蝶的习性来避免被产卵，这一自我保护机制可能是最令人称奇的。袖蝶具有同类相食的习性，它的幼虫会把遇到的其

伦敦自然博物馆收藏的最早的西番莲版画。在这幅作品中，基督教的象征元素清晰可辨：雄蕊被描绘成荆棘编制的王冠，而柱头则形似三个直立的长矛尖。这位艺术家很可能是依据一段富有诗意的描述来创作这幅画的。

139

GRANADILLA; Pentaphyllos flore coeruleo magno. Boerh.Ind.all.11.81.

这幅描绘樟叶西番莲
（*Passiflora laurifolia*）
的画作，很可能是基于
在富勒姆的李和肯尼
迪苗圃中生长的植物
所作，它让年轻的悉
尼·帕金森赢得了约瑟
夫·班克斯的关注。帕
金森既友善又才华横
溢，非常认真负责。班
克斯原本前往瑞典拜访
林奈，就打算带上帕金
森一起去。不过，最终
他们并未前往瑞典，而
是参加了"奋进"号的
环球航行。

PASSIFLORA *laurifolia*.
folins indivis, ovatis integerrimis, petiolis biglandulosis involucris dentatis. *Linn sp. pl. p. 1356.*
Sydney Parkinson pinxt 1767.

他卵或较小的幼虫吃掉，这样做可能减少了食物资源的竞争。因此，雌性袖
蝶在产卵前会仔细检查植物上是否已经有橙黄色的卵。有些西番莲属物种的
叶片和叶柄上长有与袖蝶卵极其相似的腺体，这些"假卵"呈鲜明的黄橙色，
并出现在植物的幼嫩部位，与真卵一样。研究显示，这些假卵虽然不能完全
阻止袖蝶在某株西番莲上产卵，但它们确实迫使雌袖蝶将卵产在脆弱的枝条
尖端之外，这可能有助于保护植物的这一重要部分免受损伤。显而易见，西

140

肉色西番莲（*Passiflora incarnata*），也被艺术家约翰·米勒称为"弗吉尼亚西番莲"，是美国南部的一种土生土长的植物。虽然这种西番莲与人们熟知的百香果是近亲，但它的果实味道酸涩，不像百香果那样甜美。它的叶子是向北迁徙越夏的热带蝴蝶的食物来源；这些蝴蝶的幼虫必须在冬季来临之前完成它们的生命周期，并飞回南方过冬。

Virginian Passion Flower.

番莲与专门取食它们的食草动物之间发生了一场演化竞赛，而结果就是叶片上绝妙的拟态腺体。接下来，这一系列演化创新又将向什么方向发展呢？

　　尽管蝴蝶可能会对西番莲造成严重的破坏，但对于寻找这类植物的植物学家来说，它们可能是一个意外的帮助。西番莲在雨林中很难被发现，因为它们通常是巨大的藤本，只在森林的冠层中开花。行走在地面上的植物学家难以接近西番莲的成年植株，遇到的往往是只长叶子而不开花结果的幼苗，很难认出来到底是哪一种。

　　在中美洲采集植物期间，我对西番莲产生了浓厚的兴趣，部分原因是我的队友正在研究以西番莲为食的蝴蝶。当我们遇到无法识别的植物时，就会把它种下来，一直种到开花为止。通过这种方式，我们发现了许多新的物种。但有一种西番莲始终让我们摸不着头脑，它的叶子是淡绿色的，表面光滑近乎蜡质，远看像小伞一样。我们发现线佳袖蝶（*Eueides lineata*）以这些叶子为食，这是一个新发现，因为之前没有人知道这种蝴蝶的幼虫吃什么。每当发现这种蝴蝶时，我们就在附近彻底搜寻这种西番莲，因为我相信它是一个未被科学描述过的新物种。但是，虽然多次见到幼苗上那标志性的伞形叶子，我们始终没有找到它的花或果实。

141　　为了科学地发表一个新物种，植物学家必须精确描述它的全部形态特征，尤其是花和果实，以向全世界证明这种植物确实与其近缘的其他种类有显著差异。发现新物种特别令人兴奋，同时也是一种责任。因为一旦公开发表，全世界的植物学家和园艺师都会使用这个名称。不要轻率地发表新物种，如果你搞错了，你的名字就会和它绑定在一起，也许会持续数百年时间。

　　几个星期的搜寻一无所获，令人十分沮丧。有一天我们停在路边观察——不是为了找难以捉摸的新种西番莲，而是看看可能有什么其他的发现。就在那里，我们看到了许多以新发现的西番莲为食的蝴蝶在飞舞。虽然当时看不到目标植物，但我们确信它们一定就在附近。一名队友冒险深入密集的灌木丛，终于找到了一株西番莲，正在开花的！为了这一刻，所有辛苦的搜寻都是值得的。就算它的花很小也没有关系，更不用说它实际上非常漂亮，拥有大而芳香的花朵。但是，如果没有那些蝴蝶的提醒，我们可能永远也找不到它。等大家都拍完照以后，我采集了这种植物的标本，并以我们的蝴蝶"向导"命名这个西番莲属的新物种——佳袖蝶西番莲（*Passiflora eueidipabulum*），种加词意为"佳袖蝶的食物"。

寻找西番莲是一种激动人心的经历。由于它们并不是大面积开花的植物，人们很难轻易看到它们。西番莲的藤蔓在森林边缘、树冠或空地中蔓延，一次只开放一两朵花，所以通常不容易发现。然而，一旦你找到它们，即使只有一朵花，其令人称奇的复杂结构会回报你的努力。你可以花很长时间欣赏它，而且总能发现新的奇妙之处。对许多人而言，西番莲仍然是一种象征，不是基督教，而是象征着全世界雨林的美丽和神秘。这些地方蕴藏着难以一望而知的多样性，只有深入其中才能有所收获。

针叶树

142 被北风折断的松树枝条上，常有一滴滴的松脂流出。传说这是宁芙庇堤斯的泪水，她在思念她的青春时光、她的爱人风神波瑞亚斯，也许还有引诱过她的潘神……这一传说的起源不难理解，任何人都能观察到松树流下的那些闪闪发光的泪珠。

——《松树的故事》（The Story of Pines），尼古拉斯·T. 米罗夫（Nicolas T.Mirov）与简·哈斯布鲁克（Jean Hasbrouk），1976 年

针叶树目前在园艺界并不受宠。就如同时尚界裙子的长度会变化一样，园艺植物也经历着兴衰交替，在现代花园中，针叶树似乎难以找到一席之地。它们身材高大，容易随着年龄增长而变得凌乱不堪，而且常常会抑制下层植物的生长，不利于维护生物多样性。正如一位园艺评论家所说，这些极为奇妙的植物"现在很难找到工作了"。然而，情况并非始终如此，19 世纪时，针叶树曾是园艺界的明星，全球的园艺爱好者都热衷于追寻和收集它们。英国的领主贵族曾大量种植针叶树，例如，1705 年，贝福特公爵夫人和威尔特郡子爵在各自的庄园中种植的北美乔松（*Pinus strobus*），至今在英国仍以"威尔特郡松"闻名。经典英式景观花园的营造方式有很强的结构性，而针叶树高大、常绿，简直就是为了提供稳固的结构而存在的。对常绿植物的喜爱

143

1. Leaves in
   sheath
2. Seed.
3. — Cotyledon
4. — Section of seed.

Pinus Gerardiana Wall.

过去，松属（*Pinus*）所包含的物种范围很大，其中很多后来都划分出去成了独立的属，如雪松属（*Cedrus*）和云杉属（*Picea*）。真正的松属植物（也就是俗称的松树）具有坚固的木质球果，针叶成束且基部带有膜质的鞘。美国和墨西哥拥有最多种类的松树，而松科的其他属在中国和日本的多样性较高。

甚至促成了专类园的建立，英国的格伦维尔勋爵于 1810 年在温莎附近建立了首个针叶树园。在这种趋势的推动下，一批英国最杰出的植物猎人前往美国西部，探寻新的针叶树种。

到 19 世纪中期，针叶树已经风靡一时。1853 年，威廉·洛布（William Lobb）从美国加利福尼亚州内华达山脉的卡拉维拉斯林地把巨杉（*Sequoiadendron giganteum*）的种子带回了英国，他知道，自己发现了一个宝藏。这片巨树森林位于内华达山脉的山麓，最初是被一个加州的猎熊人偶然发现的。当他向同伴描述这些树的庞大尺寸时，别人都斥之为酒醉后的胡言乱语。如果不是亲眼所见，谁能想象得到世界上存在树干 25 米合围、大到令人屏息的树呢？洛布在新成立的加州科学院听说了这个故事，立刻意识到这种植物在英国的苗圃市场会引起轰动。当时他正受雇于伦敦园艺巨头维奇（Veitch）父子，在北美开展采集。在获得巨杉的种子之后，他冒着激怒雇主的风险，提前结束采集之旅赶回英国。他知道如果不抓紧时间，别人就会捷足先登。于是，到 1854 年春天，维奇父子已经以每棵两畿尼（2.10 英镑 /3.40 美元）的价格出售这种来自新大陆的树苗了。实际上，在洛布之前，苏格兰领主约翰·马修（John Matthew）已经采集了巨杉的种子并分发给朋友们。如果存在一个"把巨杉引入欧洲"的竞赛的话，那么洛布已经输了；但在某种程度上，洛布还是"赢了"，因为他的种子成了当时园艺师所知的最大树木贸易的源头。奇怪的是，虽然在英国栽培的巨杉并不会像在美国那样长到足以在树干下挖隧道通车的巨大直径，但它仍然成为一种时尚，所有有足够地皮的人都争相种植这种树。这种新奇植物的命名科学引发了争议：英国人想用"威灵顿杉"（*Wellingtonia*）来纪念刚刚去世的威灵顿公爵，一位如同这棵树一样的伟人；而美国植物学家则希望用"华盛顿杉"（*Washingtonia*）来纪念乔治·华盛顿，一个同样伟大的人物。伦敦园艺学会的约翰·林德利（John Lindley）抢先发表了"*Wellingtonia*"这个名称，似乎赢得了这场命名之争。但林德利查文献查得不仔细，他没发现

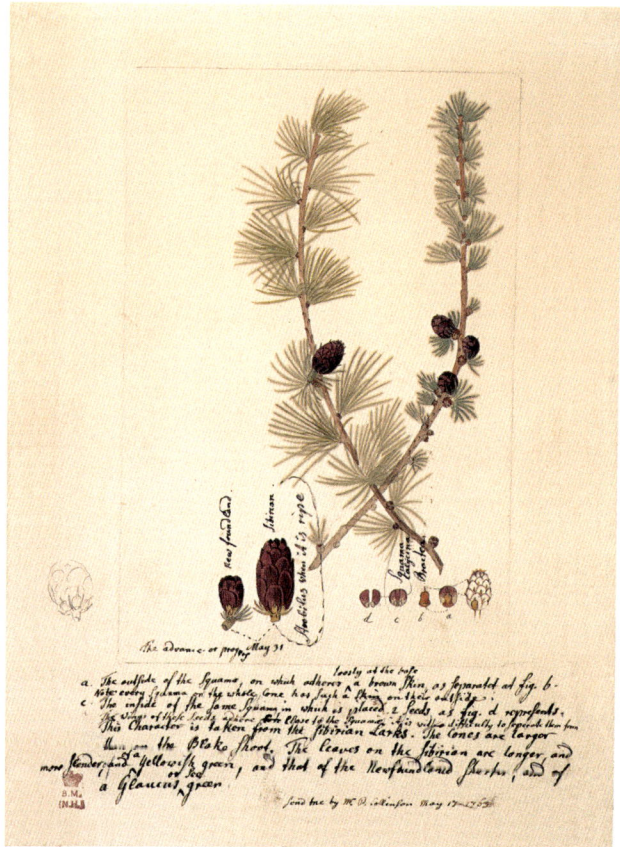

这幅草图不仅证明了乔治·埃雷特是一位才华横溢的艺术家，还显示出他是一位敏锐的观察者，具备真正的比较形态学和植物学眼光。他在画作中对比了北美落叶松（*Larix laricina*，右）与新疆落叶松（*Larix sibirica*，左）的枝条形态和结构，所有细节都是根据 1763 年 5 月 17 日科林森先生送给他的标本精确描绘的。这幅画不仅在技法上达到了完美，其构图的美学价值也同样令人赞叹。

"*Wellingtonia*"这个名字 13 年前已经用于另一种完全不同的植物了。① 根据植物命名法规，林德利做了一个无效的命名，争议的双方最终都没能如愿。巨杉的正确科学名称，直到 1939 年才被命名为 *Sequoiadendron giganteum*，此时距它被引入园林，已经过去了将近一个世纪。这个名称实际上更为贴切，因为它不仅强调了这种树木的巨大体型，还表明了它与同样来自加州的近亲海岸红杉（*Sequoia sempervirens*）的关系。

　　洛布前往加利福尼亚的旅程是追随大卫·道格拉斯（David Douglas）的足

145

---

① *Wellingtonia* 属发表于 1839 年，后来被处理为清风藤科泡花树属 *Meliosma* 的异名，所以它现在不是任何一种植物的学名。

乔治·埃雷特从他所有朋友和熟人的花园中收集有趣的植物素材，其中就包括侧柏（*Platycladus orientalis*）。这幅画稿被标注为"来自博尔哈弗的花园"〔赫尔曼·博尔哈弗（Herman Boerhaave）是居住在莱顿的荷兰医生和植物学家〕。埃雷特显然是从博尔哈弗那里获得了这株植物，但具体的获取方式和途径仍然是个谜。埃雷特与众多欧洲植物学家有往来，从而能够收到来自非常遥远地区的植物。

迹，这位探险家因其与针叶树的紧密关联而知名。道格拉斯最初是 19 世纪初期格拉斯哥植物园的园丁，后来引起了园长威廉·胡克的注意。1823 年，胡克向正在合并中的伦敦园艺学会（Horticultural Society）的荣誉秘书约瑟夫·萨宾 (Joseph Sabine) 推荐了道格拉斯。园艺学会成立于 1804 年，目的是严肃讨论和撰写园艺相关内容，其创始人包括陶瓷界的名人约翰·韦奇伍德 (John Wedgwood)、乔治三世的园丁威廉·福赛斯 (William Forsyth) 和皇家学会主席约瑟夫·班克斯爵士。这些杰出人物的影响力意味着，一旦财务稳定，园艺学会便可以派遣探险者到世界各地寻找能为其富有会员的花园增光添彩的新奇植物。到了 1820 年代初，学会开始直接派遣自家的专业植物采集者外出探险，而不再依赖其他人带回植物。这些探险者通常都是性格坚毅、经验丰富的人。在 19 世纪做园丁需要极强的适应力：他们收入微薄，生活清苦，还得靠天吃饭——天气不好导致植物死亡，他们就得失业。也许是因为不愿意受这种罪，23 岁的道格拉斯放弃了在格拉斯哥植物园的工作，开始了一系列惊人的冒险。原本他应前往中国，这是当时许多新奇植物的来源地，但由于政治局势不稳，他被改派至北美。他的任务是收集果树和其他有经济价值的物种，尤其是栎属的乔木，以替代英法战争期间英国本土被砍伐用于造船的橡树。道格拉斯前往刚刚独立的美国东海岸，在那里待了六个月，并取得了巨大的成功。尽管道格拉斯不是最早从北美返回英国的采集家，但他带回的众多植物大部分都活了下来，并且在植物学和园艺学上产生了重要价值。这让园艺学会意识到，道格拉斯是一位宝贵的人才，他的知识、活力、自律和外交能力确保了他在学会中的重要地位。

来自美国东部的珍奇植物卖出了好价钱，但学会意识到，真正的新领域还在史远的西部。1790 年代，乔治·温哥华（George Vancouver）船长通过航行探索了美洲西北部的太平洋沿岸地区，途中以他的名字命名了温哥华岛。船上有一位外科医生兼博物学家阿奇博尔德·孟席斯（Archibald Menzies），他在这一地区采集的标本和描述让全欧洲的植物学家兴奋不已。到了 1805 年，美国陆军上尉梅里韦瑟·刘易斯（Merriwether Lewis）和威廉·克拉克（William Clark）已经徒步穿越了美国，他们的旅途在路易斯安那购地案的范围内，这是托马斯·杰斐逊从法国手中购买的大片土地，也就是今天的美国西部。他们采集的植物很少，但为后来者了解当时鲜为人知的西部群山中的植物宝藏打开了大门。

道格拉斯随后被园艺学会派遣至美国领土的西海岸。他乘坐哈德逊湾公司的船只"玛丽与安妮号"，目的是在俄勒冈州海岸登陆，并沿哥伦比亚河向上游前进。前往美洲大陆西海岸的旅程本身就是一场大冒险，在海上漂泊的时间长达 8 个月。哈德逊湾公司在这一过程中提供的支持对道格拉斯至关重要，

146

该公司的皮毛贸易商已经在该地区建立了商路和哨站，并有熟悉当地情况的常驻员工。道格拉斯在该地区采集了约一年时间，沿着当地的诸多河流走了约 3000 公里，比如威拉米特河和哥伦比亚河的大急流。在原定的探险计划结束时，他选择留在当地，而非和他采集的植物一起返回伦敦。道格拉斯在美国西部采集的第一批植物中，花旗松（*Pseudotsuga menziesii*，俗称道格拉斯杉）是最著名的，这也是他的名字常与针叶树联系在一起的原因。这种树木是太平洋西北部原始森林的典型代表：高大且直立，它的木材价值很高，以至于像道格拉斯当初在温哥华岛上所见的那些古老森林，如今几乎已不复存在。尽管人们把花旗松称作"道格拉斯杉"，但实际上这不是他的发现，阿奇博尔德·孟席斯在大约 40 年前就已采集了这种植物的标本。道格拉斯采集的是这种树的球果和种子，因为他本质上是一名园艺贸易商，这些种子被带回英国，并在苏格兰栽种。今天，这种树纪念了两个人的名字，"道格拉斯"用于俗名，而孟席斯则体现在学名的种加词中。道格拉斯曾写道："它们是自

147

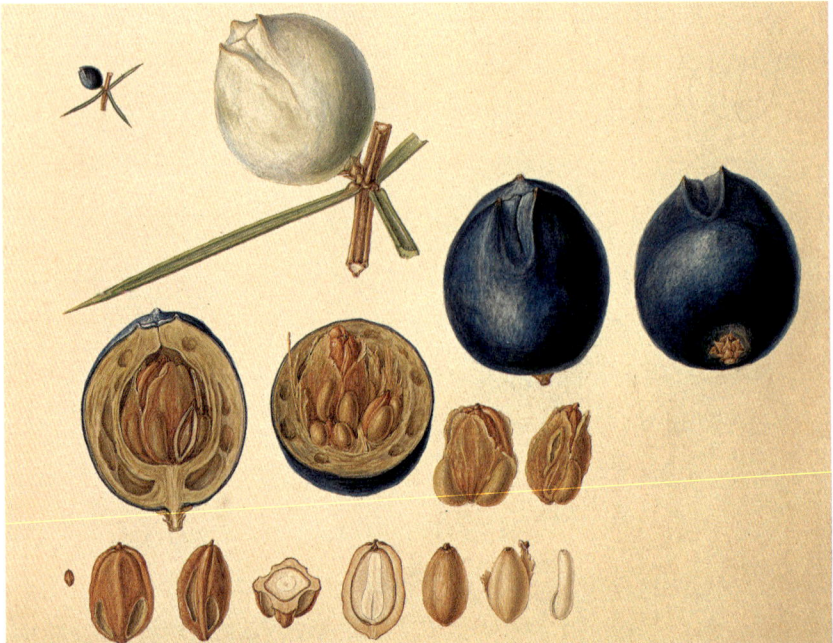

虽然被称为"刺柏浆果"，欧洲刺柏（*Juniperus communis*，俗称杜松）的球果实际上不是真正的浆果。相较于其他"普通"针叶树，其球果的鳞片更加肉质化。这些肉质鳞片完全融合，形成了诱人的食物，吸引过路的鸟类前来享用。人类同样利用这些"浆果"，它们是杜松子酒的主要调味成分，为酒提供了一种油腻而苦涩的风味。这种味道有人热爱，有人厌恶。

然中最引人注目的景象之一……这种木材可能极为有用。"而花旗松的经济潜力远远超出他最狂野的想象。

留在美国西北部太平洋沿岸后，道格拉斯带着一种报复性的狂热展开了新的探索。他是首位攀登了位于华盛顿州瓦拉瓦拉以南和东部的蓝山，并且在没有装备雪鞋的情况下完成登顶的人。雪地的反光导致了雪盲症，对他的视力造成了损害。他的向导都不愿意跟着他这么冒险，但其中一个向导对其他人说，道格拉斯是一个强大的巫医，能将他们变成棕熊。向导们被吓住了，留下来继续协助道格拉斯。1826 年至 1827 年，道格拉斯纵横西北部，行程约 5000 公里，一直探索到哈德逊湾。他一路都在不停地采集，而其中最为传奇的经历是寻找一种特别吸引他的针叶树：糖松（sugar pine）。先前在威拉米特河流域的旅行中，道格拉斯见到当地人食用某种松树的种子，据说这种松树非常大，生长在南边的山里。当时，他未能获得完整的种子，这让他心痒难耐。道格拉斯的一位熟人，探险家和猎人让 - 巴蒂斯特·德斯波特·麦凯（Jean-Baptiste Desportes Mckay），为他找来了一个松果。这个松果大得吓人，长达 40 厘米，宽达 25 厘米，但里面没有活着的种子。这让道格拉斯下决心亲自前往这种松树的产地。在写给胡克的信中，道格拉斯描述了安普夸印第安人如何将这种树的黏性树脂用作糖，以及如何将种子用作面粉。他初步给这种树起了个学名：*Pinus lambertiana*，以纪念松树专家艾尔默·伯克·兰伯特。随后，道格拉斯带着尽可能少的行李进入了欧洲人未曾踏足的地区。在这种情况下，烟草等商品比衣服更为重要。

道格拉斯从哥伦比亚河畔的温哥华堡出发向南前行，最初是与哈得逊湾公司的猎人同行，但不久后便单独行动了，因为这些猎人对植物学不感兴趣，只关心公司的事务。他的旅伴是一个来自不详部落的年轻原住民，此前与麦凯一同旅行过，且通晓几种南方语言。抵达安普夸河谷时，当地人热情地接待了道格拉斯。有一次他不慎跌入一条深沟并失去了意识，正是这些当地人救助了他。他们将道格拉斯带回营地，给他食物并照顾他，直到他有能力重

148

新开始植物采集工作。道格拉斯画下松果的形状并展示给一位印第安人，后者带他找到了目标树种。因为树太高了，无法采集，道格拉斯试图用枪把枝条打下来。枪声引来了一个由 8 个人组成的战斗小队，他们身抹红土，手持弓箭、骨矛和燧石刀，显得并不友好。道格拉斯拔出双枪与之对峙，几分钟后，对方领头的人示意想要烟草。道格拉斯用烟草换取了对方相安无事地离开，然后继续自己的采集工作，他可真够冷静的。不过，作为当时当地唯一的欧洲人，道格拉斯无法与人分享令人激动的重大发现。他后来写信给胡克说："无比高兴地告诉您，我找到了一个松属的新物种，是这个属里最为高贵的，可能也是植物界中最为宏伟的。"这次发现无疑是他一生中的高光时刻之一。道格拉斯的南行历时近两个月，在此期间，他多次遭遇危险，不仅跌入沟壑，还从马背上摔下来掉进河里；遭受灰熊攻击，甚至在归途中迷路。尽管如此，他最终找到了目标物种，采了种子寄回园艺协会。讽刺的是，糖松成了道格拉斯引进的针叶树种中最不成功的一个，因为它在英国的生长情况不佳，没有受到树木买家的青睐。在横穿北美西部的旅途中，道格拉斯共发现并引进了当地土生土长的 17 种松树中的 7 种，以及 4 种冷杉，包括壮丽冷杉（*Abies procera*）、巨云杉（*Picea sitchensis*）和花旗松。他引种的针叶树为世界许多地区的林业打下了基础，彻底改变了无数花园的风貌。

　　今天，针叶树的分布遍及全球，从北极圈辽阔的森林到热带高山，但某种意义上算是孑遗植物类群。它们的兴盛期可以上溯到一亿多年前的中生代，先于开花植物统治地球。一种神奇的植物，水杉（*Metasequoia glyptostroboides*）曾长期只以化石形式存在，直到 20 世纪 40 年代，中国植物学家在中国中南部发现它仍然存活。水杉是名副其实的活化石，也是全球性的濒危物种。近年在澳大利亚新南威尔士州发现了一个针叶树的新属新种——凤尾杉（*Wollemia nobilis*，也叫瓦勒迈杉），这种植物宛如活着的恐龙，它的特征更接近化石记录，与任何一种现生的针叶树都不同。

　　通常，针叶林大面积生长的地区，开花植物都没法长得很大。这可能是

149

真正的冷杉（fir）属于松科冷杉属（Abies）。这幅画描绘了分布于喜马拉雅山脉的西藏冷杉（Abies spectabilis）。冷杉区别于松树和云杉的特点包括扁平化的枝条、针叶脱落后只留下平坦的叶痕，以及直立的球果。冷杉的球果当年成熟，成熟时种鳞和种子一起脱落，在枝头留下光秃秃的球果中轴指向天空。

因为土壤贫瘠，如在新喀里多尼亚；或是生长季太短，比如北半球的寒带。针叶树生长缓慢但生命力顽强，这或许是它们当前不太受欢迎的原因。针叶树属于裸子植物，种子未被果实包裹，而是裸露地附着在种鳞上。松树的球果由雌球花发育而来，每片木质的种鳞上生长着一到两枚种子。松属的雄球花体积较小，产生大量花粉而非种子。松树是典型的针叶树，具有常绿的针状叶和球果，但不是所有针叶树都有这些特点。例如，落叶松属（Larix）和水杉属是落叶性的，南洋杉属（Araucaria）和贝壳杉属（Agathis）则有较宽的叶片。刺柏属（Juniperus）的球果像浆果，而红豆杉属（Taxus）则更特别，它的每个种子都包裹在肉质假种皮中，虽然看起来与典型球果不一样，

150

但在结构上是同源的。

　　相比活体，针叶树可能更多作为木材出现在我们的视野中。松树、冷杉、铁杉和云杉等种类是重要的用材树种，而在南半球，贝壳杉是极其珍贵的资源。人类对这些资源的开发几乎与文明的历史一样悠久：《圣经》记载了黎巴嫩雪松（*Cedrus libani*）被用于建造圣殿；波利尼西亚人利用针叶树制作独木舟，用以探索太平洋；中国人几千年前就使用针叶树木材建造房屋和船舶。然而，直到晚近的时代，我们对这些资源的利用才给针叶树带来了危机。木材并不是这些树木唯一的产品，造纸业依赖于快速生长的"廉价"针

这幅黎巴嫩雪松（*Cedrus libani*）的画作虽然纤毫毕现，但没有呈现它奇妙的生长形态。高龄的黎巴嫩雪松树枝平展下垂，在树的四面八方接触到地面，形成幻想般的神秘的藏身之处，为在树下嬉戏的孩子们构筑了梦幻的小屋。

叶树，而我们对纸张的需求似乎永无止境。过度采伐、栖息地破坏和用外来物种重新造林都在加剧针叶树面临的保护问题。针叶树既然能自恐龙时代存活至今，似乎应该能承受人类的影响。但统计数字令人震惊。在地球上记录的大约 600 种针叶树中，大约 45% 面临生存威胁，至少 25% 濒临灭绝。人们都知道热带雨林在全球保护中非常重要，但其实以针叶树为主要物种的温带雨林也是标志性的植被。尤其是北美洲西北部太平洋沿岸的原始森林，那里是大卫·道格拉斯首次见到壮观的花旗松的地方。希望我们能继续与这些适应能力强、长寿、坚韧不拔又饱经沧桑的奇妙植物共享我们的星球。

151

云杉属（*Picea*）与冷杉属的区别在于，针叶脱落后会留下木质的、形似钉子的叶痕，球果下垂，种鳞不脱落，正如图中所绘的白云杉（*Picea glauca*）。云杉属植物因其瓶刷状的枝条和圆锥状的树形而成为完美的圣诞树。在北欧，传统的圣诞树是欧洲云杉（*Picea abies*）。

罂 粟

人们都知道，在一大片罂粟园里，花儿的香气非常浓郁，任何人闻
了这香味儿都会昏昏欲睡，直到完全昏过去。如果不尽快把沉睡的人抬
走，他就会一直在花丛中睡啊睡啊，永远也醒不过来。多萝茜却不知道，
她只觉得这些花儿非常美丽，更何况这一大片全是这样的花儿，她即使
知道也没法逃开。没一会儿她的眼皮就开始打架，都快睁不开了，她觉
得很疲倦，想躺下来睡觉。

——《绿野仙踪》(*The Wizard of Oz*)[①]，

弗兰克·L.鲍姆 (Frank L.Baum)，1900 年

具有讽刺意味的是，一朵成为纪念象征的花，竟然是能带来终极忘记的
药物的来源。第一次世界大战后，约翰·麦克雷 (John McCrae) 写下了感
人至深的诗作，《在佛兰德斯战场》(*In Flandes Fields*)。诗中描述的著名场
景，是罂粟花将佛兰德斯战场染成血红。这种罂粟就是在欧洲北部广泛分布
的虞美人 (*Papaver rhoeas*)。1915 年春，西线战场上被铁蹄彻底翻耕的泥
泞土地，为数以百万计的虞美人种子提供了理想的发芽环境。没过多久，鲜

林德利在 1821 年描述
了人红罂粟 (*Papaver
bracteatum*)，与常见
的东方罂粟 (*Papaver
orientale*) 不同，它的
花朵更为强壮，花朵
下方有叶状苞片。这两
种植物在其他方面非常
相似，可以在花园中杂
交。人红罂粟原产于高
加索山脉的岩石和灌木
平原，从土耳其到伊朗
北部都有。

① 李文涛译本。

红色的花朵就淹没了阵亡将士的坟墓。"如果你们对我们这些将死之人失信 /
我们不会安睡，尽管罂粟花开。"麦克雷的这首诗令虞美人成为纪念的象征，
它实际上是在赞颂人类意志的力量，这种力量源自对过去错误的记忆和世代
相传的信念。

虞美人的花期很短，通常只开放一两天就迅速凋落。尽管罂粟科植物
在植株上具有巨大的多样性，但它们的花朵通常非常相似：精致而醒目的花
瓣围绕着一大束雄蕊，花朵开放时，花瓣从花萼中皱巴巴地探出，就好像
塞进洗衣桶里的脏衣服一样。维多利亚时代的诗人、工艺美术运动的"发
起人"约翰·拉斯金（John Ruskin）将虞美人花的开放比喻为从折磨中解
脱，他还补了一刀："但它看上去始终是被压迫和痛苦的。"虞美人有两到三
枚萼片，这些萼片在花蕾期保护花朵，但花开时，萼片会彻底脱落。花菱草
（*Eschscholzia californica*）是加利福尼亚的州花，也是春天时出现在内华达
山脉的橙色河流的成因。它的萼片合生，像一顶纸糊的高帽子一样，随着花
朵的张开而整个掉落。

伟大的英国园艺师和景观设计师格特鲁德·杰基尔酷爱罂粟属植物。受
到约翰·拉斯金以及工艺美术运动中其他人物的深刻影响，她的花园设计体
现了艺术与自然的统一。杰基尔的花园设计以植物为中心，用于构建景观的
是花朵本身。精心组合的色彩带看似自然，实则专门设计，旨在令自然与建
筑浑然一体，视觉上令人赏心悦目。在位于萨里郡蒙斯特德树林的私家花园
中，杰基尔种植了大量的罂粟属植物，大片的猩红色东方罂粟与泡沫状的白
色满天星（圆锥石头花，*Gypsophila paniculata*）交植。为了纪念她对罂粟
的喜爱，野罂粟（*Papaver nudicaule*）的一个栽培品种被命名为"蒙斯特德
罂粟"（Munstead Poppies）。前往蒙斯特德树林的游客们写道："橙红色调
极为鲜艳，许多开花植物聚集在一起，照亮了整个周围环境。"在杰基尔标志
性的长边界花坛中，这些细腻丝滑的花朵密集排列，创造了一处闪光的焦点。
沿着这 25 米长的花坛，微妙的颜色变化如同水彩洗染，从蓝色和白色开始，

154

PAPAVER ERRATICUM.

这种虞美人的栽培品种，其繁复的重瓣花是人工选择的结果。在用罂粟属的花开造景时，为了保持所需的色彩稳定性，必须每年除去那些开出更深或更浅花朵的植株，以防止它们通过授粉来交换基因，影响后代的颜色。如果任其自然生长，花园中的罂粟种群会逐渐趋向于一个平均的粉红色调。

颜色逐渐浓烈，在中央以"最鲜艳的猩红色东方罂粟"达到高潮，再重新过渡到黄色、蓝色和白色。

　　恶名昭彰的罂粟（*Papaver somniferum*，林奈起的这个种加词是"催眠"的意思，因为它的汁液具有强大的麻醉效果）有精致美丽的花，吸引了不断创新的杰基尔。她认为，通过"严格选择"，像罂粟这样的一年生植物可以在非常短的时间内得到极大的改良。在 20 世纪初的种子目录中，一个重瓣

155　　罂粟品种被命名为"蒙斯特德奶油粉"，其花瓣数量是野生种的两倍（或更多），呈精致的奶油粉红色。这个美丽的品种起源于杰基尔的花园，是她"严格选择"实践的结果。1880 年代晚期，杰基尔在蒙斯特德树林边缘拍摄的照片显示，形似牡丹的重瓣罂粟在阳光充足的开阔地上盛开。如今，在花园里栽培的重瓣罂粟有数百个品种，花瓣颜色从白色到接近黑色不等，但通常是粉色或淡紫色。这些植物的化学成分与它们的美貌一样多变，大多数观赏品

有些罂粟品种的花瓣具有细腻的色彩渐变，就像昂贵的真丝面料一样。不仅花朵美丽，它们胡椒罐形状的果实也相当独特，经常用于插花。图中这个花瓣带有粉红滚边的品种类似于一个名为"佛兰德古董"（Flemish Antique）的现代品种，这个名字显然反映了它与荷兰花卉贸易的关系。

glaucium.

CHELIDONIUM *pedunculis unifloris,*
foliis amplexicaulibus sinuatis, caule glabro. L.inn

黄花海罂粟（*Glaucium flavum*）在英国的部分海岸和地中海地区是常见的风景。在 17 世纪，人们认为它具有很高的药用价值。约翰·杰拉德曾写道："黄花海罂粟的根加水，煮到剩一半饮用，能促进排尿，并消除肝脏的阻塞。"

种的鸦片（opium）含量低到几乎没有，但某些类型的浓度非常高。[①]

鸦片及其衍生物吗啡和海洛因来自罂粟的乳汁，用于榨油和调味的罂粟籽是它的种子。据说属名"Papaver"来源于咀嚼罂粟籽时发出的声音。也有人说这个名称来自古凯尔特语单词"papa"（意为"糊状食物"），因其用于使烦躁的孩童入睡而得名。罂粟的催眠特性，古人早已熟知。希腊神话中，睡神修普诺斯之子摩尔甫斯（Morpheus，吗啡的命名来源）用罂粟花送人入梦，他的神庙里也雕刻着罂粟。

我们尚不清楚人类最初使用的是罂粟的哪个部位，是用于烹饪的种子还是催眠的乳汁，但这并不重要。可以确定的是，这种植物原产于地中海东岸，从新石器时代开始随人类迁移传播，栽培范围遍及西欧和北欧，还向东扩散至印度。关于罂粟的最早已知记录来自公元前 2000 年的一份亚述草药书。古希腊医生也非常了解罂粟泡酒的止痛效果，希波克拉底仔细记录了"罂粟酒"的效果。一种减轻疼痛的方法无疑有助于医学实践的发展，这又是一个讽刺——正是这种可以减轻痛苦、对现代医学实践至关重要的物质，也成了瘾君子的苦难之源。

鸦片膏的提取方法，几千年来都没有发生大的改变。希腊人发现了鸦片的药用价值，也发明了提取方法。在未成熟的果实周围做一系列倾斜的切口，乳汁便会从中渗出，积聚在果实的基部。据说在日落时刻切割收获最大，因为夜晚的露水会刺激果实"出血"。24 小时内，乳汁硬化成棕色的块状物，随后可以收集下来，搓成球状储存。这种胶质球体可以长时间保存，并可通过各种化学方法加工成多种药物。乳汁由植物中称为乳汁管细胞（laticifers）的专门细胞产生，这些细胞在果实的表面和上部茎秆中最为丰富，但罂粟的全株都含有白色乳汁。不同生长条件下，罂粟产生的乳汁量差异极大，据说在气候温暖的地区产量更大。某些品种的乳汁含量远高于其他品种，这无疑

157

---

① 注意：栽种任何品种的罂粟在我国都是违法行为！

蓟罂粟（*Argemone mexicana*）的属名来自希腊语单词 "argema"，意指 "白内障"，当时人们认为它的汁液能清除眼中的模糊物。那么，16 世纪的英国本草学家约翰·杰拉德究竟是怎么使用蓟罂粟，这种 "长满尖锐和有毒的刺，任何人如果喉咙里卡了一个，立刻就会上天堂或下地狱" 的植物的呢？

是人类长期选择高产量的结果。这一过程类似于自然选择，但在更短的时间尺度上发生。

　　罂粟是终极的赚钱利器。它易于种植，回报极高。作为一种一年生植物，罂粟几乎可以在任何地方生长。许多人发现罂粟在花园里随处自播，即使是最初种植的植株早已死亡，它们仍旧四处繁衍。直到最近，合法或非法的鸦片大部分来自金三角地区。[①]18 世纪初，罂粟在中国主要被视为食物、药材和观赏植物，而不是毒品的来源。鸦片是从印度引入中国的，印度人使用它作为麻醉剂的历史很悠久。英国东印度公司控制着高利润但极其危险的鸦片

---

① 在 1998-2006 年，由于周边国家和国际组织的努力，金三角的罂粟种植量下降了 80%，鸦片类毒品的主要产地转移到阿富汗和哥伦比亚。

158　贸易，该公司将鸦片从印度出口到中国，以换取黄金和白银，然后用这些黄金白银在中国购买茶叶和丝绸，再卖回欧洲获得巨额利润。公司还通过授权当地走私者控制非法鸦片贸易，这些走私者在中国沿海地区进行贸易，并将利润上交给公司。在 18 世纪和 19 世纪期间，中国的鸦片成瘾问题急剧增加，促使中国政府禁止使用和进口鸦片，但由于持牌走私者的活动，禁令的效果非常有限。围绕鸦片贸易的冲突最终导致了中英之间的鸦片战争，中国最终被迫同意进口鸦片，但对其征收了重税。

　　19 世纪的奢华和扩张是以许多人的苦难为代价的，这实在是悲剧。而今天，非法交易的鸦片远多于合法的，尽管鸦片的合法使用是现代医学的基石之一。吗啡可以缓解许多病人的痛苦，但它只是鸦片罂粟中众多不同生物碱的一种。基于鸦片的药物用作镇痛剂、镇静剂和抗痉挛药，以及更常见的催眠药。现代鸦片制品的非法交易主要是基于其衍生物海洛因，这笔生意在全球范围内有数百亿美元的规模。海洛因通过精炼鸦片膏并添加各种化学试剂的过程制成，这个过程相当简单且成本不高。如今，罂粟在金三角地区的种植面积在下降，但在其他适宜的生境中的种植面积在增加，如哥伦比亚的山地森林。它是世界上最赚钱的植物，难怪有这么多土地被转变为罂粟田。由于接近北美的巨大市场，在哥伦比亚和其他安第斯地区种植罂粟可谓近水楼台，但代价是巨大的。不仅是因为成瘾带来的人类苦难和高昂的社会成本，还因为大面积偏远地区的上游流域森林被砍伐。正是这些森林为低地的城镇提供水源，并保护它们免受洪水侵袭。这些森林还滋养着亚马孙盆地的大河，从而帮助维持大半个南美洲的生物多样性。

　　罂粟也导致了另一种形式的上瘾：探索和发现新奇事物的冲动。探索就像一剂灵药，它能让人兴奋，但不具破坏性，它带来了知识，丰富了我们的生活。当欧洲园艺师意识到许多来自遥远地方的植物可以在自己的花园中种植并带来利益时，一类被称为"植物猎人"的探险家应运而生。这些男人

159　（早期的探险活动中女性极少，但有值得注意的例外）接受了植物学训练并渴

望冒险。他们往往由植物园赞助，如皇家植物园邱园；或由种子公司和苗圃赞助，这些公司直接销售植物猎人的发现，也用来开发新品种。到了 20 世纪初，亚洲已成为欧洲园艺师的宝库。继约瑟夫·道尔顿·胡克在锡金的发现之后，中国西南山地和青藏高原越来越多的偏远地区吸引着寻找新奇植物的

尽管这幅画描绘的是一朵类似于虞美人的精致罂粟花，但花朵的排列方式显示它很可能是罂粟的红花品种。野生型的罂粟也是一种精美的植物，大多数人认为它最原始的花色应该是浅紫色。这幅画显然描绘的不是这种野生类型，而是一种重瓣的中国栽培品种。①

---

①　罂粟的叶子裂得没这么深，一根枝条上的花朵没这么多，花萼上也没这么多毛。这应是虞美人。

探险者。自 19 世纪中叶以来，西方植物学家已在这些地区采集了很多植物标本，但把异国植物引入花园则依赖于种子的供应，以便大量繁殖可供销售的植物。因此，20 世纪的植物猎人不仅在寻找令人兴奋的新物种，还需要采集种子，而且是大量的种子。弗兰克·金敦·沃德（Frank Kingdon Ward）是20 世纪早期最勇敢的植物猎人之一，他花费了 45 年的时间探索缅甸、中国西藏和印度阿萨姆交界的偏远地区。作为一位剑桥大学植物学教授的儿子，他从小就具备对自然的热爱和冒险精神。像许多年轻的博物学家一样，书籍〔对他来说是希姆珀的《植物地理学》（*Plant Geography*）〕在他心中激起了对浪漫的热带森林的向往。

　　当金敦·沃德完成大学学业后，他选择了他所能找到的第一份让他前往未知地区的工作。他首先前往中国，在上海的中国公学担任教师。这份工作的假期让他得以前往梦寐以求的土地，追随伟大的动物学家华莱士的脚步，探索爪哇和婆罗洲的热带森林。不过，沃德的教学生涯并没有持续太久，他很快应邀加入了一个在中国西南部采集动物的美国动物学探险队。沃德彻底迷上了旅行——这次是真正的旅行，而非只是从书本中得到的向往，他在学校里不耐烦地教书，直到找到更合心意的工作。好运气很快就来敲门了，利物浦的蜜蜂园艺有限公司雇用他去中国云南收集植物种子，然后引入英伦三岛的花园中。沃德对回到荒野的期盼是如此热烈，以至于连邀请信都没读完，就决定接受这份工作了。他启程前往"蓝罂粟之地"，并在那里工作到人生尽头。在 45 年的探险生涯中，沃德写了 14 本书，其中第一本就是《蓝罂粟之地》（*The Land of thd Blue Poppy*）。有人认为他的写作技巧"不够成熟"，但他完美地表达了自己的热情和冲动。他周围的环境以及和他一起旅行的人，无论是藏族人、汉族人还是山地部落人，都给他带来了溢于言表的喜悦，这使得他的书籍引人入胜。他绝不是那种让人感到无聊和世故的旅行者……

　　尽管金敦·沃德个人的首次旅行显然是为了寻找蓝罂粟，但在他并没有成功地把绿绒蒿带回来。直到 23 年后，他才收集到足够多的藿香叶绿绒蒿

这 株 尼 泊 尔 绿 绒 蒿（*Meconopsis napaulensis*）的花是深蓝色，有时被划分为单独的物种瓦氏绿绒蒿（*Meconopsis wallichii*）。尼泊尔绿绒蒿其他种群的花朵是红色、黄色或白色，但瓦氏绿绒蒿这个类型是唯一有蓝色花朵的。究竟如何界定一个物种，很大程度上是一个理念问题。围绕物种概念的争议已经持续了一个多世纪。①

（*Meconopsis betonicifolia*）种子，令其成为英国花园中的明星。这种绿绒蒿最初由法国传教士让 - 马里·德拉维于 1886 年在云南发现，另一位植物学

---

① 对绿绒蒿属来说争议尤为剧烈。

161　家①从西藏的种群中收集了零碎的标本，但没有足够的种子供普通人栽培。罂粟属植物在园艺界享誉已久，但绝对没有开天蓝色花的品种。沃德在 1924 年夏天收集了大量种子，任何想种植蓝罂粟的人这下都有了机会。不过，藿香叶绿绒蒿不像罂粟那么皮实，需要精心照料才能成活并开花。

沃德之所以能成为一名成功的植物猎人，原因之一是他对地点有惊人的记忆力。为了收集种子，他需要在几个月后准确返回曾见过目标植物开花的地方，而当时可没有 GPS。沃德表示："收集藿香叶绿绒蒿的种子已成为一种荣誉……就算是面对像光明之山那么大的一块蓝色钻石，我也不会比对待种子更小心了。但愿能成功！"金敦·沃德在缅甸北部所采集的藿香叶绿绒蒿（采集号 6862）在 1935 年获得了英国皇家园艺学会的荣誉奖，他理所当然会为之自豪。藿香叶绿绒蒿是最早人工栽培成功的绿绒蒿属物种，直到今天仍是花园中最受欢迎的。

几乎所有的罂粟科物种都是草本植物，从种子中培育很容易，但这个科里也有木本的种类。发现木本罂粟可能会让人感到惊讶，但加利福尼亚的大罂粟（*Romneya coulteri*）堪称真正的宝藏。它不是真正的树，而是一种大型灌木②，原产于阳光充足的加利福尼亚南部，似乎不太可能在英国和爱尔兰的潮湿气候中生长得很好。然而，它在英国被引入栽培，并得到了命名。这种植物的学名纪念了两位爱尔兰人，他们也恰好是好朋友：住在阿马的天文学家托马斯·罗姆尼·罗宾逊（T.Romney Robinson）博士和 1832 年在加利福尼亚首次采集该植物的托马斯·柯尔特 (Thomas Coulter) 医生。他们都是植物学家威廉·亨利·哈维的朋友，后者在最初描述大罂粟时，想以柯尔特的姓命名这种植物，以表达他对柯尔特医生的怀念，以及对他在墨西哥和南加

① 指英国军官 F. M. 贝利，他在藏南地区的间谍行为催生了麦克马洪线，导致我国 9 万平方千米的土地被印度侵占。沃德当时也在这个地区从事间谍工作。
② 大罂粟虽然可以长到 2 米高，但不是灌木，是多年生宿根草本植物。加州有真正的木本罂粟，罂粟木（*Dendromecon rigida*）。

州的采集成果的极大尊重。遗憾的是，日内瓦的植物学家阿方索·德·堪多 (Alphonse de Candolle) 已经将 Coulteria 这个名字用于另一种植物（豆科梳荨豆属），所以哈维只好"把柯尔特最亲密朋友之一的名字赋予他本人发现的这种植物，从而在科学上永远地将柯尔特和罗姆尼·罗宾逊的名字紧密联系起来，正如他们不可分割的友谊"。大罂粟的学名中，属名来自罗姆尼·罗宾逊，种加词来自柯尔特。大罂粟被柯尔特发现后，大约过了 40 年才被引入栽培，但立即受到欢迎。它具有罂粟科中最大的花，杰基尔形容它为"至高无上和庄严的美丽"。

罂粟是大自然讽刺性的极致范例，庄严、精致而又脆弱，它短暂的美丽丝毫没有暴露它的阴暗面。

石　南

她轻轻掸去棕色石南花铃上的露水，

她的颜色在那苔藓覆盖的山岗上显露无遗；

她的羽毛比春天的骄傲还要炫目，

哦！她展翅腾飞，多么欢快。

——《美丽的黑水鸡》（*The Bonie Morr-hen*），

罗伯特·彭斯（Robert Burns），1787 年

秋天开粉红色花的石南，茶叶欧石南（*Erica phylicifolia*）①，南非特有种，仅分布于开普半岛的桌山以南地区。这个物种有时被视为冷杉欧石南（*Erica abietina*）的粉红花亚种，而后者的花朵通常为鲜艳的猩红色。植物学家根据共同特征来分类物种，这两种不同花色的石南在花朵结构的细节上非常相似。对于要不要把它们划分成不同的物种，即便是面对相同的证据，专家们的意见有时也存在分歧，这就是分类学的人为成分。

当北半球的人们被问到石南和荒野时，他们往往会想到苏格兰。如果针织衣物呈现柔和的颜色并给人一种雾蒙蒙的感觉，通常会被描述为"石南色"。然而，英国广袤的、略带粉色的石南荒原，其实大多并非自然形成的生境。这些荒野主要因大规模的森林砍伐而形成：在贫瘠的酸性土壤上，原生的树木被清除，放牧和烧荒又阻止了新的树木长出，就会形成石南荒原。英国北部广阔的荒野是自然与人类活动共同塑造的景观。然而，石南荒原不仅存在于英国北部，南部如多塞特和布雷克兰也有大片同样条件的荒地，同样面临来自动物或火的压力。19 世纪，当政府废除公共放牧权并围起土地后，

---

① 鼠李科 Phylicia 属原本没有中文名，近年来国内学者根据叶子长得像欧石南属而拟名为石南茶属。

许多石南荒原恢复为森林，因为不再有动物妨碍树木幼苗的生长。同时，石南荒原常被错误地理解为废地，这种观点导致大量荒地被开发利用。从 17 世纪末的情况来看，石南荒原曾占英国陆地面积的 1/4；而如今在英格兰，这种标志性的生境所占比例不到土地总面积的 0.33%，仅为原始面积的 1/75，这是巨大的损失。与此相比，因为有放牧和猎松鸡的需求，苏格兰的石南荒原保护得较好。

在澳大利亚，与石南荒原相当的生态系统不属于杜鹃花科（Ericaceae），而属于近缘的澳石南科（Epacridaceae）① 澳大利亚的石南荒原由多种澳石南类植物构成。图中所绘的是开着白色和粉色花朵的拟昙石南（*Sprengelia sprengelioides*），最初于 1803 年 8 月 1 日在悉尼与植物湾之间采集，由罗伯特·布朗在跟随"调查者号"航行返回后描述发表。当时他将这一物种置于 *Ponceletia* 属。②

---

① 按照最新的分类系统，澳石南科已并入杜鹃花科，是为澳石南亚科（Epacridoideae）。
② 这个名称已经废弃，所以没有译出中文名了。

　　帚石南（*Calluna vulgaris*）在苏格兰人的日常生活中占据了非常重要的位置，当他们移民前往美洲时，帚石南也被带了过去，如今这种植物已经在远超其原产地的范围内自然繁衍。在苏格兰高地，帚石南被用于日常生活的各个方面：作为燃料和建筑材料，用于家畜的垫材，也为人类铺床。帚石南的叶子和花都很香，而帚石南蜜非常美味，世界上许多地方的养蜂人会在帚石南开花时将蜂箱带到荒野边缘。考古学家告诉我们，大约 4000 年前，高地上的皮克特人就已经用帚石南酿造麦芽酒，因为在鲁姆岛上发现的新石器时代饮酒器具中发现了含有燕麦、大麦和石南的证据。

　　白色的石南，也就是伦敦街头小贩出售的幸运树枝，据说是由维多利亚女王从苏格兰的巴尔莫勒皇家庄园带到英格兰南部的。但这显然是一个杜撰的故事，因为植物学家早在 16 世纪末就已记录了白色石南。它不仅会给发现者带来好运，还适用于任何拥有它的人。荒野上的任何地方都可以找到开白花的帚石南，但市场上出售的"幸运小枝"来自多种不同的植物，既有帚石南属，也有欧石南属（*Erica*），比如来自伊比利亚半岛的葡萄牙欧石南（*Erica lusitanica*）。帚石南属和欧石南属都是杜鹃花科（Ericaceae）的成员，Erieke 是希腊语中石南类植物的专用名称，最早由古希腊哲学家色诺芬在公元前 4 世纪使用。杜鹃花科是一个极其多样化的家族，分布在全球各地。一般来说，杜鹃花科植物生长在贫瘠、酸性的土壤中，依赖根部共生的真菌（菌根）来生长。杜鹃花科中的其他常见属有杜鹃属（*Rhododendron*）、白珠树属（*Gaultheria*）和越橘属（*Vaccinium*，包括蓝莓和蔓越莓）。蓝莓小小的瓶形花与杜鹃的舒展而艳丽的大花外观截然不同，一般人很难想象它们之间有亲缘关系。但它们确实具有一些相似的特征，使得植物学家能将它们归为一类。其中包括花药顶孔开裂，花粉以四粒一组（四分体）而非像其他植物那样以单粒释放。许多属中（包括欧石南属在内）的花药，都具有尾巴和芒刺之类狂野的装饰。该家族中的一些成员已完全放弃光合作用能力，成为菌寄生植物，寄生在真菌身上，依赖真菌分解腐烂的落叶而获取养分生存。

164

165

大宝石南属（*Daboecia*）只有两个物种，一个是分布在亚速尔群岛的亚速尔大宝石南（*Daboecia azorica*），另一种大宝石南（*Daboecia cantabrica*）则具有奇怪的间断分布模式，从西班牙北部海岸到毗邻的法国，然后跨过比斯开湾，出现在爱尔兰西部。这个属的名称是纪念爱尔兰的一位守护圣徒达博格（Daboec），也许正是他把这种植物从一个天主教国家带到了另一个。

弗朗茨·鲍尔将这幅画的创作日期标注为"1790 年 8 月"，因此它显然是根据弗朗西斯·马森（Francis Masson）从南非寄回的材料绘制的。在南非，具有弯曲花冠管的绯红欧石南（*Erica coccinea*）被太阳鸟授粉。这些鸟在灌丛中快速飞翔，吸食花冠基部的花蜜。它们弯曲的喙恰好与花的弯曲度相匹配，因此双方都从这种关系中受益。

石南采取了另一种极端方式来应对环境：它们的叶子很小，有时还会卷曲成小管，将水分散失的表面积减至最小。这在苏格兰或多塞特的沼泽湿地中看似没有必要，但在 800 多种欧石南属植物中，只有 21 种存在于欧洲，其中大多数位于地中海周围的干燥地区。尽管提起石南许多人首先会联想到苏格兰，但实际上不应如此，因为欧石南属的绝大多数物种都在南非，那里才是它们真正的多样性中心。

Aug 1790

　　南非有 750 多种欧石南，与帝王花和帚灯草科植物并称凡波斯（fynbos）灌丛植被的三个主要成分。凡波斯是开普地区特有的奇妙植被，被誉为世界奇观。想象一下，一个与葡萄牙或美国弗吉尼亚州大小相当的地区，拥有 8000 多种本土开花植物，其中超过一半是特有种，也就是说在地球上其他地方都找不到。这种特殊性令人难以置信，相比之下，英国的植被中，开花植物种类不到 2000 种，且仅有 20 种是特有种，尽管可以归咎于冰川作用的摧残，也还是少得可怜。凡波斯一词来自荷兰语，意思是"细小灌木"，乍一看就是一片杂乱无章的栖息地。这个名称的由来，可能是因为早期的荷兰定居者对当地矮小脆弱的植被感到沮丧，这些植物完全不能生产木材；或者可能是指该地区的植物以叶子很小的灌木为主。开普地区的原住民，桑人和科伊科伊人肯定使用过凡波斯植物，然而，关于这种植被的本地知识几乎已经完全丧失。

　　凡波斯灌丛由四个主要植被元素组成。地生植物，也就是由地下茎生长的草本植物〔如唐菖蒲属（*Gladiolus*）或朱顶红属（*Amaryllis*）〕通常在火灾后开花，因此不被视为景观的永久特征。另外三种成分都是灌木，看起来更加稳定，其中包括：山龙眼科（proteoids）植物，是高大的灌木，叶子较大；帚灯草科（restioids）植物，外观像北温带的莎草；还有石南状植物，是带有细小叶片和细长柔韧茎的灌木，包括几百种欧石南以及其他很多结构和外观相似的植物。开普地区石南荒野的花是形态和颜色的狂欢。小铃铛一般的花不止一种形状，颜色从最鲜艳的红色到粉色、白色、亮黄色和花哨的绿色，有些花是双色的，或具有条纹，有些甚至看起来像糖果。确实也有一些种类是小坛子形状的，总的来看，多样性范围之广让人叹为观止。这些花有些借助风力传粉，有些通过小昆虫，还有些则吸引太阳鸟。尽管从远处看，凡波斯植被看起来像苏格兰的石南荒原，但凑近了完全是另一个世界。

　　由于非洲大陆的最南端是前往东方富饶之地（即香料群岛）的航线上的主要停靠点，它也成为欧洲之外最早系统性地开展植物学调查的地区之一。17 世纪荷兰莱顿大学的植物学家查尔斯·德·埃克吕斯（Charles de l'

Ecluse）〔又名卡罗卢斯·克卢修斯（Carolus Clusius）〕，鼓励船员在"埃塞俄比亚最南边那个著名的海角，也就是好望角"采集植物[①]。到 1753 年，卡尔·林奈发表《植物种志》时，许多种类的凡波斯植物已经为人所知。在《植物种志》中，林奈描述了 12 种南非欧石南属植物，这些植物大多来自海员偶然送回的标本，或者是荷兰定居者对内陆的探索结果。

1771 年，当约瑟夫·班克斯、丹尼尔·索兰德和詹姆斯·库克在塔希提观测了金星凌日、探索了澳大利亚海岸并完成了环球航行归来，在好望角走下"奋进"号帆船时，开普敦这个迅速发展的殖民地已经建立了一个成熟的植物学社区。数位颇具科学头脑的省长，尤其是里克·图尔巴赫（Rijk Tulbagh），都鼓励探索植物和建立当地植物园，从这里将植物送往荷兰的莱顿和阿姆斯特丹的主要园林。1770 年代初，两位林奈的学生在开普敦生活，安德斯·斯帕曼（Anders Sparrman）担任荷兰东印度公司驻地官员孩子的家庭教师，卡尔·通贝里（Carl Thunberg）正在学习荷兰语，以便伪装成荷兰人前往日本采集植物。因为当时日本只允许荷兰人登陆，瑞典人通贝里必须学会荷兰语，才能实现他的目标。班克斯和索兰德于 1771 年 3 月 14 日抵达好望角，当时索兰德病得很重，他们只有两天时间探索开普地区的丰富资源。显然，班克斯对荷兰殖民者或当地环境并不看好，他的日记记录了他对殖民地实行的奴隶制度的不满，特别是人们缺乏独轮车、头上顶着重物行走的情况。然而，他所见到的当地植物足以激发他的兴趣，一回到英国，他便组织了对南非植物最大规模的早期调查和采集工作。

1771 年 6 月，库克船长完成对澳大利亚海岸的探索，指挥"奋进"号载誉归来后，班克斯似乎占了很多功劳。报纸上对这次航行的介绍是"皇家海军的库克船长跟随索兰德先生、班克斯等人一起环球航行"，这种表述并没有正确地呈现事实。会出现这样的误解，很大程度上可能是由于班克斯与国王

[①] 古希腊人地理知识不足，把利比亚以南的非洲统称埃塞俄比亚。克卢修斯沿用了这个概念，与现代国家埃塞俄比亚不同。

乔治三世关系极好。两人年龄相仿，而且"农夫乔治"与班克斯有许多共同之处，至少比与年长的航海家库克之间的共同点要多。国王对园艺很感兴趣，他的母亲就是邱园最初的创办人。不久后班克斯被任命为"王室领地植物生活的科学顾问"，相当于国王的植物学顾问，也是后来的皇家植物园邱园的首任园长。班克斯说服国王，既然英国拥有世界上最好和最多样的殖民地，那么他的目标就应该是收集世界上最好、最多样的植物，并且这些收藏应该存放在邱园。为了做到这一点，国家必须派遣采集家去世界各地采集植物，仅仅依靠他人一时兴起的捐赠肯定是不够的。

　　当海军部聘请库克于 1772 年初进行第二次环球航行时，班克斯计划再次随船出航，这次是为了给国王采集植物标本。但由于班克斯的构想过于宏大，计划最终流产。他在"决心号"的甲板上搭建了一个巨大的建筑物，大到几乎要把船弄翻了！班克斯不想再过"奋进"号上那种只带 8 个随从的苦日子，他打算带上二十几个人，包括天文学家、秘书和绘图员，甚至还有一支管弦乐团和一群灰狗。最终，为了不把"决心号"压沉，甲板上的舱室不得不缩小，班克斯因而拒绝登船。班克斯的拒绝对南非植物学的发展来说意义重大。他向国王建议："派遣一个聪明的助理园丁到好望角收集种子并寄回活植物，这么做大有好处。"国王欣然采纳，班克斯随即派遣年轻的弗朗西斯·马森代表邱园前往好望角。船上的官方博物学家乔治·福斯特（Georg Forster）轻蔑地称这位年轻人为"苏格兰园艺工人"，但马森平和的性格、与人相处的非凡技巧，以及他随着采集工作日益增长的植物学专业知识，使他在好望角的工作极其富有成效。国王付给他的只有区区 100 英镑年薪和 200 英镑年度经费，实在是太值了。

　　马森于 1772 年 10 月 30 日抵达好望角，在桌山脚下迅速发展的欧洲人定居点登陆。此地当时被称为开普，后来才改称开普敦。他很快遇到了斯帕曼和通贝里，对于当时手头拮据的通贝里来说，这简直是天降甘霖：年轻且行事低调的马森，有足够的钱购买马车和牛，这确实是一个福音。通贝里和马森一起旅行了三年，深入遥远且不适宜居住的卡鲁荒原。他们曾经迷路，

169

170

费迪南德·鲍尔在绘制澳大利亚植物时，使用天然颜料是最好的方法。这种引人注目的植物似天蓝八宝石南（*Andersonia caerulea*），花朵中的绚丽蓝色可能来自研细的青金石，这是来自阿富汗地区的一种半宝石。鲍尔自己磨制颜料，无论是在"调查者号"航行期间还是回到伦敦之后，他几乎从不假手于人。

胶质欧石南（*Erica glutinosa*）全株触感黏腻，这是由于叶子、茎和花朵上都布满了微小的具柄腺体，它们分泌出黏性的物质。这种物质还有一种强烈的刺鼻气味，可能是为了阻止食草的昆虫和哺乳动物，它们吃掉珍贵的叶子，从而降低植物的生存能力。

在没有食物的情况下不得不在野外过夜，还丢失了马匹，但最终他们还是安全地回到了开普敦。事后，两人各自写下了他们旅行的经历，但不同的笔触凸显了他们截然不同的性格。在通贝里的叙述中，他总是英雄，冲锋陷阵，掌控大局；而马森对这三年采集活动只撰写了一份简洁的备忘录，交给皇家学会主席约翰·普林格尔（John Pringle）爵士。这是一部低调的杰作，马森以非常务实的语气描述了他们穿越一个山口的经历，很可能是霍滕托特荷兰山脉："我们试图翻越北侧的高山脊，但发现不可能。我们的马车在悬崖边翻倒并严重损坏，不得不返回一个农民家中修理。"马森对当地植被印象深刻，他写到山丘上"缀满鲜花"，对他成功寄回邱园的植物感到骄傲，特别是欧石南。他写道："正是在这次旅行中，我收集了许多美丽的欧石南种子，我发现它们在邱园生长得非常好。"

　　马森于 1775 年返回英国，受到了极大的赞誉，至少是从他的赞助人那里。他让邱园真正成为植物学地图上不可忽视的存在。班克斯对他的成就赞不绝口："在这次航行中，马森采集并寄回了大量尚未被欧洲植物园所知的植物……很大程度上是通过这些植物，邱园才获得了它现在享有的、超越欧洲任何类似机构的公认优势。其中一些植物园，如特里亚农、巴黎、乌普萨拉等，直到最近

171

可爱的长叶欧石南（*Erica longifolia*），又叫变色石南，来自开普半岛的东半部。它的俗名来源于其花色不可思议的多变性。花朵可以是白色、黄色、橙色、紫色或绿色，并且经常是双色的，尖端饰有一圈白边。它的学名则来源于叶子，这些叶子比开普地区其他大多数欧石南的叶子都要长。

还在相互竞争谁才是最好的，甚至不接受任何来自英国植物园的竞争。"

　　次年，马森再次接受派遣，这次是前往西印度群岛，如果可能的话，还要去"西班牙大陆"。这个时期去美洲殖民地及其相邻领土旅行显然不是明智之举，马森卷入了围绕美国独立战争的大范围地区动乱中。他写道："时局的不幸转变影响了这里的人们的心态，所有社会美德都已消失。"当你周围的人都期望你站队时，作为一个只对植物感兴趣的单纯植物学家，一定很为难。就算试图向人们解释，你所要做的只是收集植物，结果却是各方面都不相信你。大家都觉得没人会如此简单，你一定还有其他的动机。这一点到现在也没有改变多少！

　　到了 1786 年，马森再次回到好望角，但仍然面临政治困境。荷兰支持了美国革命，并且（可能在某种程度上是正确的）怀疑英国人都是间谍。荷兰东印度公司下令，不允许任何陌生人离开开普敦超过 60 公里，哪怕是植物学家也不行。有一位神秘的帕特森先生，据称是为斯特拉斯莫尔勋爵收集情报的人，的确报告了荷兰的军事能力，但马森只关心植物。他在好望角地区又待了九年，在法国革命导致英国占领好望角之前不久返回国内。当时南非的反英抵抗势头汹涌，马森担心收藏品的安全，因此请求携带它们一起回到邱园。他在南非的 12 年对英国园艺产生了巨大影响，不仅帮助邱园成为世界植物学舞台上的主要角色之一，还引发了种植开普石南和天竺葵（*Pelargonium*）的新时尚。他非常注意土壤，并思考如何在英国种植这些奇妙的植物。派遣一个园丁真是明智之举！马森在写给班克斯的关于欧石南属植物的信中提到："扭旋欧石南（*Erica retorta*），花冠欧石南（*E. coronaria*），松针欧石南（*E. pinastra*）和马森欧石南（*E. massonii*）[1]。在由砂岩山上风化形成的白砂土中生长，在英国种植它们的话，需要在泥炭土中掺入少量细白砂。"

　　可叹的是，这些娇嫩的植物早已不再流行。想象一下，如果种的是开普石南，而不是北半球的那些色彩柔和、耐寒的石南，我们的花园该多么绚烂！

---

① 应该是林奈的儿子为了纪念马森本人而起的名称。

鸢 尾

西方，白日渐渐投进那"永恒的过去"，

而天上的色彩在那儿织成一道长虹；

另一方，在蔚蓝的太空中浮动徐徐，

是一弯柔和洁白的眉月，像一个幸福的岛屿。

——《恰尔德·哈罗尔德的旅行》（*Childe Harold's Pilgrimage*）①，

第四篇第二十七节，拜伦勋爵（Lord Byron），1818 年

在希腊和罗马神话中，彩虹女神伊里斯（Iris）是天后朱诺的使女。彩虹就是她的权柄，沿着这道闪耀的彩色弧光，她从天而降，为人间带来天堂的讯息。在元首屋大维执政和耶稣诞生的时代，罗马诗人奥维德写下了一个罗马版本的大洪水故事。像耶和华一样，朱庇特降下大雨想要淹没人类，而作为朱诺的使者，伊里斯把地上的水收集起来重新变成云。当时，人们认为彩虹的两端聚焦了雨水，然后把雨水送回云层。伊里斯身披千色长袍，为凡人带来希望的消息。她也是一种净化力量，当朱诺完成某次复仇，带着塔尔塔罗斯地狱的污秽回到奥利匹斯山时，伊里斯用洒落的清洁雨水对她进行了净化。

鸢尾在古希腊和罗马时期就已经广为人知。由鸢尾根〔来自香根鸢尾

图中所绘的英国鸢尾，即宽叶鸢尾（*Iris latifolia*），其实是一个误称：虽然它是一种鸢尾花，但它绝对不是英国的。在 16 世纪，佛兰德本草学家马蒂亚斯·德·洛贝尔在布里斯托尔附近看到了这种鸢尾。他将自己的发现告诉了同行，这个俗名就此流传下来。实际上，这种植物是由一名英国水手从西班牙北部带回来的，它原本只生长在比利牛斯山脉。

---

① 杨熙龄译本。

173

（*Iris pallida*）或法国鸢尾（*Iris florentina*）〕磨成的粉末，带有淡淡的堇菜香味，被用作熏香和给葡萄酒调味。在希腊，色诺芬首次以彩虹女神的名字命名这种植物，这或许表明，当时人们栽种的鸢尾花朵也呈现出多种颜色。在克里特岛的弥诺斯艺术中可以找到鸢尾花的风格化描绘，当地农民们种植这些植物，把它当作治疗蛇咬伤的宝贵药物，同时也用它来治疗胃病和牙痛。在公元 1 世纪前后，人们栽培的是有髯鸢尾（*Pogoniris*）[①]。我们可以在罗马时期的马赛克艺术中看到这类鸢尾，显然它在地中海周围曾大规模地种植。其中黑鸢尾（*Iris susiana*）具有特殊的黑白相间的花朵，被认为是埃及法老种植的魔法之花。

在罗马帝国衰落和欧洲基督教王国崛起之后，鸢尾仍保持其受欢迎的地位，广泛种植于修道院花园中。阿拉伯医生也赞扬了这种植物的药用价值。

174　在中世纪某个时期，这种花被称为 "fleur de luce" 或 "fleur·de·lys"，并成为法国皇室的纹章象征。关于 fleur·de·lys 到底是鸢尾花还是百合花（lys 是法语中"百合"的意思）有一些争议，但当时鸢尾也被视为一种百合。虽然百合和鸢尾都是单子叶植物——幼苗只有 1 枚子叶，叶子有平行脉，花器官的数量都是 3 的倍数——但它们在叶形和花结构上有显著差异。

鸢尾的很多英文俗名都和它的叶子有关，例如 segg 或 gladwyn（这两个都是古英语或盎格鲁 - 撒克逊语，意为"剑"）。鸢尾科（Iridaceae）所有成员的叶片都是侧扁的，植物的基部扁平且坚硬。许多种类的坚挺叶片确实长得像剑。该科的分布遍及全球，但多样性最高的区域位于南非。

鸢尾的花朵与其他单子叶植物如百合的花朵有着根本的不同，后者通常有 6 个形状一样的"花被片"和相同数量的雄蕊。乍一看，鸢尾的花朵相当令人费解：雄蕊在哪里，那些花瓣又是怎么回事，为什么有的向上有的向下？典型的鸢尾花有 6 个花被片，就像百合花一样，但它们分成两轮，每轮

---

① 指鸢尾属有髯鸢尾亚属的物种。

Iris (susiana) corolla
barbata, caule folis
longiore, uniflora Mork.1

壮观的黑鸢尾，可
能是由奥吉尔·吉
塞林·德·布斯贝克
（Ogier Ghiselin de
Busbecq）在 1573 年
从土耳其宫廷引入欧洲
的。这和植物被他送到
维也纳宫廷，并从那
里开始传播。自那以
后，黑鸢尾一直通过无
性繁殖，今天栽培的所
有植株很可能都是那次
原始引入的克隆体。这
个物种应该是人工培育
的产物，从未在野外出
现过。在阿拉伯语中，
Susan 意为"鸢尾花"。

3 枚。向上的 3 枚叫作立瓣，有的物种小，有的物种（如黑鸢尾）则非常大；向下的 3 枚叫垂瓣，其中轴线上常有颜色鲜艳、呈鸡冠状凸起的脊或具有浓密的胡须状毛。在每个垂瓣上方有一个较硬、稍肉质的花瓣状结构，称为冠，这里就是雄蕊和柱头——鸢尾花实现传粉功能的器官所在的地方。冠一共有 3 枚，是从下位子房顶部生出的单一雌蕊柱头的 3 个裂片，其下方各有 1 枚雄蕊。在鸢尾属的某些物种中，冠和垂瓣的位置使它们形成了 3 个管道；每个管道门口都有一个着陆平台，由垂瓣中线彩色的脊标示出来。大多数鸢尾的花蜜都很丰富，存放在花管基部。蜂类进入冠和垂瓣组成的管道采集花蜜时，雄蕊的花药会刷过它们的背部，留下花粉；当它们飞到另一朵花时，会先接触到具有活性的柱头，并实现异花授粉。鸢尾花的复杂结构不仅具有实用价值，而且赏心悦目。

栽培鸢尾可分为三大类，这种分法在实践中可以很好地用于鉴定。第一大类是有圆形鳞茎作为地下储藏器官的鸢尾，这一特征把它们和具有根状茎（在地下水平生长的茎）的种类区分开来。球茎鸢尾曾被划分为几个不同的属，冠以朱诺鸢尾（Juno）和网纹鸢尾（Iridodictyum）等颇具浪漫色彩的名称，但它们与具有根状茎的表亲还是非常相似的，所以这些名称最后都被归并了。球茎鸢尾的植株通常比较小，是春季最早开花的植物之一，原产于从

175

这种精致的植物是短旗鸢尾（*Iris pumila*），最著名的小型有髯鸢尾，常被用于鸢尾花的育种中。它是一个自然杂交种，由假短旗鸢尾（*Iris pseudopumila*）和阿提卡鸢尾（*Iris attica*）杂交而成。这两种鸢尾的分布区在前南斯拉夫的亚得里亚海沿岸重叠。短旗鸢尾生长旺盛，已经传播到整个东欧，直至乌拉尔山脉。

南法和西班牙到土耳其和以色列再到中亚的广泛地区。干燥、多石的土壤是它们的原生栖息地。这些看似脆弱的植物实际上非常坚韧，有些种类的花朵能在冰雪中开放而不被冻坏。

根茎型鸢尾进一步分为有髯鸢尾和无髯鸢尾两类，后者也称为具冠鸢尾（Apogons）。二者的区分特征是垂瓣的中轴线，这个部位总是具有鲜艳的颜色，但在有髯鸢尾中，垂瓣中线上生长着一排与花的颜色对比鲜明的髯毛。髯毛的作用可能是捕捉从花药掉落的花粉，并刷在访花蜂类的腹部，从而减少浪费。有髯鸢尾原产于地中海地区至中亚，并在栽培中广泛传播。20 世纪初的一位"业余"鸢尾专家、曾在英格兰南部查特豪斯学校担任校长的威廉·里卡森·戴克斯（William Rickatson Dykes）先生表示，原产中欧的无叶鸢尾（Iris aphylla）的一个紫红色品种，"以某种未知的方式……在克什米尔逸为野生"，这个事实令他着迷。

许多被称为有髯鸢尾的植物，实际上是非常古老的稳定杂交种，鸢尾花栽培的悠久历史使得它们的分类极其困难。开着可爱白花的阿拉伯鸢尾（Iris albicans，已归并入法国鸢尾）可能原产阿拉伯半岛，并随伊斯兰教传播到整个南欧。它是重要的墓地植物，后来被西班牙人带到新大陆。有髯鸢尾的花朵具有水彩颜料一般的色泽，色谱之宽泛令人难以置信，包括紫色、粉色和黄色，几乎每个物种或栽培品种都有白化形式。鸢尾本就无愧彩虹之花这个名字，而拜伦更是将它们比作晚霞，因为其具有半透明的薄纱一般的质感。随着越来越复杂的杂交不断产生更多颜色，这一比喻现在比以往任何时候都更为恰当。

栽培鸢尾品种中，蓬松的立瓣是来自有髯鸢尾的特征，而无髯鸢尾的外观更加紧凑而流畅。无髯鸢尾的花朵垂瓣中线光滑而没有附属物，但具有鲜艳的色块或深色的脉络，呈现醒目的图样。无髯鸢尾亚属是鸢尾属中物种最多的一个亚属，并且贡献了用于园艺育种的六个组中的五个（第六个包括有髯鸢尾）。这些物种来自整个北半球，包括欧洲、亚洲大陆、日本和北美。

日本鸢尾在日本非常受欢迎，已有超过 500 年的栽培历史。与具有大型、

176

褶皱且直立的立瓣的有髯鸢尾相比，日本的鸢尾栽培品种花朵都是扁平的盘状，但有重瓣和花瓣非常皱褶的品种。野生种玉蝉花（*Iris ensata*，曾被命名为 *Iris kaempferi*）是一种可爱的草甸植物，但常常被绘画作品描绘成生长在寺庙附近和小溪旁。17 世纪的恩格尔贝特·肯普弗（Engelbert kaempfer）是最早访问日本的欧洲植物学家之一，19 世纪中叶，随同荷兰外交使团访日的德国植物学家菲利普·弗兰茨·西博尔德（Philipp Franz Siebold）决定以肯普弗的名字命名这种鸢尾。*Iris ensata* 这个名字则来自瑞典植物学家卡尔·通贝里。植物命名的基本规则之一是优先权，同一个物种的若干名称中，最古老的名称，亦即最早在植物学文献中提出的名称优先于其他名称。通贝里给玉蝉花起的学名比西博尔德早大约 60 年。

可怜的肯普弗，就这样失去了用自己的名字命名鸢尾花的机会。这还不是他遇到的最糟糕的事，17 世纪晚期他在日本时，甚至被当作"表演动物"围观。肯普弗和通贝里都受雇于荷兰东印度公司，该公司在长崎港附近的一个小人工岛——出岛上建立了贸易基地。由于德川幕府实行锁国政策，当时对荷兰人的限制极为严苛，每年只允许派遣两到三艘船前往日本，所有行动不得超过 20 名欧洲人，全部无武装，并受到一支军队的全程监督。访客们被要求发誓不与日本人交往，誓言十分复杂，还要盖上墨水与血液混合的印鉴。每年，荷兰人都需要向位于江户的幕府送礼，这是欧洲人唯一有机会看到除出岛以外的日本其他地方的机会。肯普弗于 1690 年前往日本，并两次徒步前往东京，为征夷大将军德川纲吉进献贡品。在这两趟旅途中，他白天被人看守，夜晚被锁在屋内，被迫唱歌和跳舞，向将军及其妻妾和许多贵族展示欧洲习俗。所幸，日本人允许他携带一个盒子，他将采到的植物放入其中，随后用于绘图。他的日本监视者显然认为这是无害的，向好奇的肯普弗提供了这些植物的名称和用途等大量信息。回到欧洲后，肯普弗出版了一本日本游记，其中一章专门讨论植物学，记录和描绘了大约 400 种植物。借此，肯普弗展现了对于当时科学上完全未知的世界的首次窥视。直到将近 200 年后的

位于英格兰特灵的罗斯柴尔德庄园送了很多鸢尾花给艺术家绘画，其中包括纹瓣鸢尾（*Iris variegata*），可能是戴克斯 1913 年在保加利亚的斯特里布尔尼附近采集的。这座庄园曾是博物学的天堂，1937 年由第二代罗斯柴尔德男爵沃尔特传给了伦敦自然博物馆。今天，本馆的鸟类分部就设在特灵，那里还有一个专注于动物生活多样性的小型博物馆。

178

1868 年，日本才再次向欧洲人开放。他真正地实现了他的日本签名印章"ケンペル"的含义，翻译过来是"对于勇者，没有什么是不可能的"。

卡尔·通贝里是瑞典著名植物学家卡尔·林奈的学生。林奈后半生派遣了很多学生到世界各地采集植物，并带回瑞典给他进行研究和描述。1776 年，通贝里经由南非前往日本，这趟旅程历时大约 5 年。在他访问期间，荷兰商人在贸易方面受到的限制更为严格，但在社交方面则较为宽松。通贝里可以随时上岸，但每次上岸都花费不菲。和肯普弗尔一样，他必须由多达 200 名"陪同人员"跟随，还得支付他们吃喝玩乐的费用。饶是如此，在访问期间的春季，通贝里还是坚持每周进行两次植物采集。他前往江户的旅程比坎普费尔的更具社交性质，会见了许多日本人，主要是医生和占星术士，前者想向他咨询患者的治疗方法，但他不能见这些患者。通贝里在日本收集了很多古籍、药典和地图。回到瑞典后，他还与日本朋友保持联系，他们甚至给他寄送种子和植物。通贝里性格开朗，日本的一切都让他非常愉快，从道路的整洁到植物的美丽。他在出岛建立了一个花园，离开时带走了许多日本植物的活体标本，这些标本被送到荷兰东印度公司在阿姆斯特丹的药用植物园。1784 年，通贝里发表了《日本植物志》（Flora of Japan），首次使用林奈创立的新命名系统（即二名法）命名了玉蝉花（Iris ensata）。

其他用于培育园艺杂交品种的无髯鸢尾包括亚洲北部的一些草地种类，比如西伯利亚鸢尾（Iris sibirica），这种植物与有髯鸢尾一起，在中世纪的花园中被广泛栽培，还有美丽的中国物种金脉鸢尾（Iris chrysographes），戴克斯将其描述为"最丰富的深红紫色，质地如天鹅绒，并由中央和断裂的金色边线点缀，这也是该物种名称的由来"。还有欧亚温带南缘的草原鸢尾（steppe iries，特别是高加索地区的丰富物种），以及两组北美鸢尾——加利福尼亚鸢尾和路易斯安那鸢尾。前者原产于美国西部，从加利福尼亚州到俄勒冈州，由于具有相同的基础染色体数，它们易于与草原鸢尾杂交。出于对冬季湿润气候的适应，这些加利福尼亚植物在英格兰表现非常好。路易

索尔比的这幅大胆画作清晰展示了鸢尾科植物叶子的特征：叶片对折套合，侧向压扁，因此整体看起来像扇子。这种排列方式产生了古英语中的鸢尾的俗名 gladwyn，也就是"剑"。玉蝉花是生长在沼泽地的植物，它们的种子包在果皮很薄的蒴果中随水漂浮，这种蒴果不会开裂，只会腐烂。[①]

斯安那鸢尾是湿地植物，在野生环境中自由地杂交，其中一个自然杂交种是纳尔逊鸢尾（*Iris × nelsonii*），20 世纪早期，美国植物学家埃德加·安德森（Edgar Anderson）博士对自然杂交非常着迷。他研究了群体中的杂交组成，并使用路易斯安那鸢尾（以及其他自然杂交的植物）发明了一种研究和量化自然杂交的方法，即杂交指数。安德森的杂交指数构建方法多年来被用作评估物种间过渡形态的重要手段。今天，我们可以通过构建染色体图谱和使用

180

---

① 这幅图画的不是玉蝉花，而是巴西鸢尾 *Neomarica gracilis*。玉蝉花的果实成熟时会开裂到三分之一处，并不是不开裂。

DNA 序列来研究杂交，从而在他的基础上走得更远。

鸢尾属的跨组杂交非常罕见，但偶尔也会发生。戴克斯曾培育出一种有髯鸢尾和草原鸢尾的杂交品种，但它不能结种子，只能通过营养繁殖。然而，在组内，杂交非常容易，且在自然界和花园中都能发生。大多数在花园中种植的有髯鸢尾都是杂交品种；实际上，许多早期植物学家所认为的"好种"[①]，在园艺栽培中用作进一步杂交的亲本时，才显示出它们是杂交起源的。人们利用植物的杂交已有数千年的历史，有时是偶然的，但更多时候是蓄意为之。长期以来，人们认为古人不会对花卉杂交授粉以创造新品种，而且完全不了解植物繁殖。这种想法肯定是错的，那些依赖植物作为食物和药物的人，怎么可能观察不到植物的天然杂交现象并加以利用呢？今天的植物育种者可以使用越来越多的技术手段，从人工染色体加倍到胚胎组织培养，鸢尾花育种者使用这些方法来培育具有新颜色和形状的花朵，甚至只是尝试这些手段能带来怎样的惊喜。

大自然赋予了鸢尾属植物多变的特性，人类也在上千年的时间里促进或阻碍它们改变的过程。植物的俗名与其真实起源往往毫无关系，栽培鸢尾就是一个典型例子。例如，德国鸢尾（Iris × germanica），最早出现于花园中的有髯鸢尾之一，学名来自命名人林奈假定的原产地。这种植物最早发现于中世纪德国城堡的墙壁上，但它们从未结出真正的种子。很多育种者都试图用它作为新杂交品种的亲本，但无一成功。该"物种"的染色体数是 $2n=44$，现代的鸢尾属专家据此认为它是两个本地有髯鸢尾亚属物种的古老杂交后代，但到底是哪两个亲本，还无法确定。法国鸢尾（Iris florentina），一种珍贵且香气细腻的鸢尾根的来源，也是这样一种古老的杂交产物。

植物的俗名和科学名称常常具有误导性，尤其是反映起源的名称。德国鸢尾虽然在德国被发现，但几乎可以肯定并非起源于那里。它的起源和亲本已淹没在历史的迷雾中。其他一些物种尽管名字有误，却可以追溯到它们的起源。发现于英国、具球茎的"英国鸢尾"，17 世纪被命名为 Iris anglica，

①　指分类学上独立的物种。

有髯鸢尾亚属的花朵看起来娇嫩易碎（图中左边两朵是德国鸢尾，右边是香根鸢尾），一次只在高高的花茎上开一朵。花被片（包括立瓣、垂瓣和须毛）颜色组合的无限可能性，在 17 世纪晚期 A.M.S. 梅里安（A.M.S. Merian）的这幅画作中得到了美妙的描绘。

西班牙鸢尾 (*Iris xiphium*) 是切花市场中最受珍视的品种之一。"布鲁因金漆"这个品种可能是西班牙鸢尾，也可能是西班牙鸢尾与北非的近缘和染色鸢尾（*Iris tingitana*）的杂交品种。荷兰的花卉育种者在改良鸢尾花方面非常活跃，就像他们在许多其他植物上的表现一样，这些杂交品种被称为荷兰鸢尾。

后来归并入 *Iris latifolia*，实际上来到英国的时间很短暂。水手们在比利牛斯山脉采集了这个物种的球茎，带到西班牙北部港口销售，或者带到布里斯托尔，再卖给欧洲大陆（主要是荷兰）的球茎花卉种植者。著名的荷兰鸢尾也是西班牙鸢尾组[①]的成员。这类鸢尾花是最成功的商业品种，因为它们容易催花，可以全年销售。

　　鸢尾的美丽不仅在于如天空般变化的花朵颜色，还在于容易杂交和创造新类型的能力。鸢尾具有顽强的生命力，正如德国鸢尾在崩塌的中世纪城堡墙壁上生长，抑或白花的阿拉伯鸢尾在地中海沿岸的伊斯兰墓地通过根茎繁殖。这些花卉确凿无疑地告诉我们，并非所有美好的事物都会消失。

① 曾被处理为独立的西班牙鸢尾属 *Xiphion*。

龙 胆

巴伐利亚的龙胆，又大又黑，唯有黑暗

用普路托忧愁的冒烟的蓝色

染黑火炬般的白昼，

缀以棱线，火炬一般，它们黑暗中的火焰蓝幽幽地延伸，

扁平地进入在白昼的扫荡下锤平的尖端。

——《巴伐利亚龙胆》(*Bavarian Gentians*) [1],

D.H. 劳伦斯（D.H. Lawrence），1929 年

与很多生长在草地上的矮小龙胆不同，马利筋状龙胆（*Gentiana asclepiadea*）是一种林地植物。它在树荫下茁壮成长，长茎因花朵的重量而弯曲。林奈为它起的学名可能与这种习性有关，弯曲的茎和对生的叶子使它看起来有点像某种开蓝色花的马利筋。

纯正的蓝色在开花植物中非常罕见，但很多龙胆都是蓝色的。花中的蓝色和红色是由一类名为花青素的化合物产生的，不同的花青素在不同的环境条件下赋予花朵不同的蓝色和红色色调。尽管我们常将龙胆花与深邃的蓝色联系在一起，但它们的颜色实际上非常多样，从白色、带紫色斑点的白色、带深绿色和紫色条纹的绿色，到 D.H. 劳伦斯所描述的地狱般的深蓝色。

劳伦斯笔下的高山龙胆由于其深色和矮小的姿态，被他视为死亡之花和坏消息的预兆。然而，这只不过是他自觉时日无多而产生的联想罢了。其实

---

[1] 吴笛译本。

长期以来，龙胆都因其药用价值而备受推崇。据说该属的学名（*Gentiana*）来源于公元前 2 世纪的伊利里亚国王根提乌斯（Gentius），他曾用这种植物叶和根的煎剂制造了一种治疗瘟疫的药剂。这个故事来自古希腊的医药和植物学奠基人迪奥斯科里德斯和普林尼，林奈（该属的命名人）肯定也听过这个故事，并熟知这两位伟大人物的科学著作。人类最初认识到龙胆的药用价值，是因为它们全株都极其苦涩，尤其是干燥的根。这种苦味来自龙胆苦苷 glycosides gentiopicrin 和苦龙胆酯苷 amarogentin，它们以龙胆命名，恰如其分。这些化合物是已知最苦的物质之一，因此如果"味苦的东西对你有好处"这个老话是真的，那么龙胆一定非常有效。用龙胆根制成的药剂被用来刺激消化系统和增强食欲。龙胆苦苷会轻微升高血压，这可能是其促进消化的原因。龙胆蒸馏液也被用作治疗疟疾的药物，就像其他许多苦味植物一样。这种传统可能早在根提乌斯国王之前就已存在。龙胆在神秘学领域也有用途，它们的根被用作解毒剂，以及对抗巫术和爱情的解药。深黄花龙胆（*Gentiana lutea*）的根可以用来浸制龙胆烈酒，这种酒味道非常独特。它的苦味需要一些时间去适应，但据说对胃部不适有好处。

龙胆是典型的高山植物：植株小巧、花朵艳丽，而且难以栽培。高山植物一直以来令人向往，可能是因为它们生长在开阔的地方，那里有壮丽的景色，可以望见远方；或者仅仅因为它们小巧，可以全方位一览无余地欣赏它们的美丽。欧洲的岩石花园最初是为了种植来自阿尔卑斯山高海拔地区的植物，将山间的明艳清新带回花园。比如，约瑟夫·班克斯在 18 世纪的切尔西药用植物园里就建立了一座岩石花园。一定程度上可以说，"植物猎取"就始于阿尔卑斯山和其他欧洲山脉。对古希腊人来说，中欧的山脉虽然遥远，但他们了解那里的一些植物，并将其用于医疗。在博物学发展的早期，阿尔卑斯山就已经是植物学胜地了，卡尔·林奈在巨著《植物种志》中描述了 23 种产自阿尔卑斯山的龙胆。岩石花园的设计很难，而许多高山植物对栽培条件有非常具体而苛刻的要求，尽管在自然界中，它们看起来能在任何地方生长。

以龙胆为例，有些物种喜欢碱性的石灰岩山地，而有些则喜欢酸性土壤；有些需要阳光，有些则偏好阴凉。栽培的难度也是这些植物对园艺爱好者的吸引力的一部分。谁能抗拒这样的挑战呢？尤其是成果还如此可爱。

　　栽培野生物种可能很有挑战性，但为那些希望轻松栽培美丽花卉的园丁培育杂交品种也是另一种挑战。如今，许多在岩石花园中栽培的龙胆花都是杂交品种，通常比其野生祖先更易栽培。龙胆属的物种易于杂交，异花授粉也相当简单，只要用毛笔把一朵花的花粉刷到另一朵花的柱头上就可以了。理想的园艺杂交品种能结合两种不同物种的优良特性，如春季开花和极高的生存能力。来自阿尔卑斯山的深蓝色龙胆几乎全部是春季开花的，而且由于对环境的需求差异很大，难以在岩石花园中栽培。秋季开花的中国龙胆则具有硕大的亮蓝色花朵，发现它们的故事也非常引人入胜。喜马拉雅山脉的高山仍然对人们有着强大的吸引力——否则为什么徒步旅行会成为一个数百万英镑的产业呢？喜马拉雅山脉比阿尔卑斯山更高，但气候大体上相似，是为欧洲花园寻找新植物的理想之地。20世纪早期，英国的种子公司资助了很多植物猎人去那里寻找珍宝。

不像龙胆属那些"显眼包"表亲，假龙胆属的植物，比如秋花假龙胆（Gentianella amarella），并没有园艺栽培。不过，也许花园里应该有它们的一席之地。假龙胆的识别特征是花瓣边缘和内侧绚丽的流苏，让花朵显得别具一格。因为花比较小，得凑近了才能看清。

185

186

只有在龙胆花完全开放或被剖开时，我们才能清楚地看到它花冠内部的细腻色彩变化，例如无茎龙胆（*Gentiana acaulis*）。花冠边缘的淡黄色尖端起到了强调作用，它们突出了花冠深处的开口。这是为这种植物传粉的雌性熊蜂必须精准定位的地方，因为只有在这里，它们才能吸到藏在花管底部的花蜜。

　　乔治·福雷斯特（George Forrest）就是这样一位植物猎人，他发现了类华丽龙胆（*Gentiana sino-ornata*），为 21 世纪岩石花园中培育出的多种杂交龙胆打下了基础。这种植物的花朵非常独特：它们呈深邃的皇室蓝色，外层带有更深的紫色条纹，花朵长度通常超过 6 厘米。花朵的基部颜色较浅，带有蓝色条纹，与深蓝色的花瓣形成鲜明对比，难怪福雷斯特会被这种美丽的植物所吸引。这种植物的叶片茂盛，而且能够从叶丛中长出新枝，使得它在花园中容易繁殖和养护。它在欧洲的花园里从九月到十二月间开花，并且作为亲本培育出了许多受欢迎的栽培品种。

　　福雷斯特来自苏格兰的基尔马诺克，以药房助手的身份开始了他的职业生涯，在那里他学习了如何将植物用作药材，这些技能在他后来的生活中大有裨益。20 世纪初，正值澳大利亚内陆的黄金热，福雷斯特拿出仅有的全部积蓄前往澳大利亚。当时他只有 18 岁，但有一颗不服输的心。几年后，他回到苏格兰，此后一直在爱丁堡皇家植物园标本馆工作，担任艾萨克·贝利·巴尔福 Isaac Bayley Balfour 教授的助手。作为爱丁堡植物园的负责人，巴尔福爵士的头衔是"皇家饲养员"（Reqius keeper）——谁说植物学就没有浪漫色彩和幽默感呢？

　　福雷斯特很有个性，相比坐在办公室里他更喜欢跑野外。他住在城外，每天上班步行 20 公里往返。据说他在标本馆工作时从不坐着。因此当阿瑟·基尔平·布利（Arthur Kilpin Bulley）先生询问谁适合去中国寻找植物时，巴尔福爵士理所当然地推荐了福雷斯特。布利是一位富有的利物浦棉花商人，对中国植物充满兴趣。他曾遇到著名汉学家和植物学家奥古斯丁·亨利（Augustine Henry），后者 19 世纪 80 年代在中国海关工作时主持编制了一份关于中国人使用的药用植物的报告，由此产生了对中国植物的兴趣。亨利自告奋勇为皇家植物园邱园采集了很多标本，这些标本向人们展示了中国植物的奇妙。受到亨利的启发，布利希望为他新建的花园引进中国植物，这座花园位于内斯顿附近的迪河河畔。他曾经试图通过传教士获取种子，但失

187

败了。布利自嘲地说，这次尝试让他拥有了"世界上最好最全面的蒲公英收藏"。因此，他需要雇用自己的植物采集者。

　　1904 年 8 月，福雷斯特作为布利的雇员通过缅甸抵达中国，任务是在藏东南和滇西北采集植物种子，以在布利的花园中栽培。开始几个月，福雷斯特住在云南腾越（今腾冲）。他逐渐熟悉了当地环境，并结识了英国领事乔治·利顿（George Litton）。利顿不仅是一位热情的博物学家，还喜欢冒险。他们一起前往澜沧江边的一个法国传教点，那里的传教士们收集了一些有趣的植物。福雷斯特决定，来年夏天再去这个地方采集自己的植物标本。1905年，这片地区陷入了动荡。英国军队入侵并占领了西藏的圣城拉萨[1]，之后爆发了"巴塘事变"。巴塘土司与喇嘛们先是在巴塘处决了驻藏大臣凤全及其随行者共 50 多人，随后叛乱沿着四川、云南和西藏的边界蔓延开来，外国传教士和教堂也成为叛军的目标。卷入这场事变时，福雷斯特正愉快地在距离阿墩子（今云南省德钦县）以南三天脚程的山里采集植物。阿墩子是茶马古道上的贸易集镇，藏民在那里屠杀了所有的清廷驻军和法国传教士。福雷斯特在位于小镇茨口的法国天主教传教点短暂停留时，传来了叛军接近的消息。由于知道喇嘛们对传教士怀有极深的敌意，大家决定立即撤离。当晚出发的队伍大约有 80 人，这么多人要保持安静和隐秘并不容易，不可避免地，一些小声音暴露了他们的行踪。喇嘛们发现了队伍，包括福雷斯特在内的逃亡传教士遭到了致命的追捕。

188　　　次日清晨，他们看到教堂被焚毁后升上天空的烟柱，意识到自己已被包围，陷入了绝境。神父们绝望至极，坐以待毙。作为一个行动派，福雷斯特不愿就此放弃，便登上山顶观察形势。当发现藏人正在逼近时，福雷斯特大声示警，但他的同伴们惊慌地四散而逃，直接落入追兵之手。最后，这群人中只有福雷斯特一人幸存，两位年长的神父中有一位当场遇害，另一位则在

---

①　英军于 1904 年 8 月 3 日占领拉萨，9 月 23 日撤离。

G. D. Ehret. pinxit 1766

随后的几天里遭受了缓慢而残忍的折磨，死得非常痛苦。福雷斯特极为幸运，他在逃避追捕时从小径跳下，在森林中滚入一条深谷。他一度以为只能束手待毙了，但追兵却与他擦肩而过。尽管暂时死里逃生，福雷斯特又陷入了新的困境，因为山谷十分狭长，而两端都被那些要对他们赶尽杀绝的人占据。接下来的 8 天里，福雷斯特像猎物一样被追捕，但他凭借勇气和机智，利用手头极其有限的资源，成功躲避了使用毒箭的追捕者。他很快就抛弃了脚上的欧式靴子，因为它们会留下易于追踪的足迹，而藏族人是追踪高手。他赤着脚继续逃亡，只有少量食物勉强维生。到了第九天，因为饥饿、恐惧或两者兼有之，福雷斯特开始产生幻觉。山谷中部有一个傈僳族的村庄，这是一个与藏人和汉人都无关的当地部落。福雷斯特竭尽全力到达了这个村子，打算必要时用枪强迫村民提供食物。然而，他并未使用武力，村民们帮助他到达了另一个傈僳村庄，然后翻越垭口，到达了相对安全的南部山谷。这段旅程仍然异常艰难，因为福雷斯特不得不赤着脚穿越森林、流石滩和冰川。但对他来说，最难的可能是放弃沿途所见的植物——作为一个植物采集家，没有什么比不得不放弃那些可能再也见不到的珍贵植物更痛苦的了。福雷斯特

春龙胆（*Gentiana verna*）那精致优雅的蓝色能令草原看起来宛如湖泊，埃雷特在这幅画作上写下了这样的文字："这种植物是在 1732 年于德国雷根斯堡绘制的，那里的草地被这和美丽的小植物覆盖，犹如蓝天一般。"

189

说，他们跋涉过的山地"毫不夸张地说，就像是盖满了报春花、龙胆、虎耳草、百合等花朵的阿尔卑斯山，这些不为人知的山坡对植物学家来说是真正的天堂"。对他来说，除了肉体的痛苦之外还得忍受这种精神上的折磨，多么令人沮丧！我不禁想到，他在这段传奇的逃生之旅中跋涉而过的龙胆花海，其中是否就有类华丽龙胆呢？但我们永远无法得知了。

在重获安全之后，福雷斯特伪装成藏族人以免引起注意，设法回到了大理府（今大理），在那里他遇到了乔治·利顿。虽然失去了所有的财产和整个

中国是龙胆属植物多样性中心。在 1995 年出版的《中国植物志》（英文版，*Flora of China*）第 16 卷中，描述了 248 种龙胆属植物。要准确识别这些植物，需要对其花的内部结构有所了解，而这是单凭观赏画作所无法得知的，无论画作多么美丽。这也是植物标本馆标本在科学研究中不可或缺的原因，因为没有这些标本，我们就无法获得关于植物身份的关键证据。

季度的采集成果，但福雷斯特并非软弱之人，他立刻出发与利顿一起前往怒
江河谷进行采集。由于受到高大山脉的屏障，这里有着热带的微气候，昆虫
众多，尤其是传播疟疾的蚊子。许多队员生病了，利顿回到腾越后因"怒江
黑水热"（Salween Black water fever）去世，这很可能就是疟疾。福雷斯特
本人也病了好几个月，但他不仅自己亲手采集，还训练他的队员如何采集和
保存他们发现的珍贵植物标本。因此即使他不得不返回大理养病，队员也能
继续进行采集。1906 年，福雷斯特带着他精心制定的采集方案返回苏格兰。
他了解自己的目标区域，训练了一支庞大且有能力的当地助手团队，并与控
制该地区的中国政治人物建立了友好关系。尽管他在初次采集之旅中遇到了
重重困难，甚至遭受了心理创伤，但他仍然准备再次出发。

1910 年至 1911 年，福雷斯特第二次前往中国，这次他采集到了类华丽 190

无茎龙胆（*Gentiana
acaulis*）是原产于欧
洲阿尔卑斯山高海拔地
区和比利牛斯山脉的植
物。这个物种一直是岩
石花园中的宠儿，由
于它对石灰岩的耐受
性，使得它比许多同样
壮观的中国近亲更易于
栽培。五月间，这种植
物会开出天蓝色的喇叭
形花朵，花朵喉部点缀
着鲜绿色，长度可达 5
厘米。

191

龙胆的种子。他在云南尼昌山口海拔 4270 米至 4570 米的沼泽地上发现了这种植物。这些种子被播在了爱丁堡和尼斯，1912 年它们开花了，赢得了广泛的赞誉。福雷斯特余生都在腾冲地区采集植物，主要关注杜鹃花。因为在英国，杜鹃花已经掀起了新的园艺热潮，他的许多后续旅行都得到了杜鹃花协会的资助。1932 年，福雷斯特在腾冲因心脏病发作去世，当时他正在人生的最后一段旅途之中。他认为这段旅程将是自己多年辛勤工作的"相当光荣且令人满意的结局"。在中国工作的 28 年间，福雷斯特采集了许多新颖而神奇的植物，今天在世界各地的花园里都有栽培。在自己的人生旅途中，福雷斯特勇敢地面对了诸多难以置信的危险，最初那次死里逃生的经历只是个开端。

　　乔治·福雷斯特所代表的采集家和植物猎人，让西方的园艺界获得了巨大的收益。他们带回了像类华丽龙胆这样的珍贵植物，这些植物不仅是财富本身，也成为未来花园的基石。

埃雷特所绘制的无茎龙胆画稿展现了他对这一主题深入研究的过程。他在草图中尝试了不同的角度和花朵的位置，既有仰视，也有侧视，花葶以不同角度交错。最终定稿的羊皮纸画中，只画了一朵花，就是这幅草图左侧的那一朵。这幅画在剑桥的菲茨威廉博物馆展出。

郁金香

花儿们被教会了画画，

白郁金香也开始追求多样的肤色，

学会了在脸上勾出线条。

人们对这些洋葱般的鳞茎趋之若鹜，

一个鳞茎就能换来一片牧场。

——《割草人斥花园》(*The Mower Against Gardens*)，

安德鲁·马维尔(Andrew Marvell)，17 世纪

荷兰人对郁金香的热爱，无论是在郁金香狂热时期还是之后，都体现在他们标志性的"郁金香图册"传统上。在郁金香的发源地，也存在着类似的传统。奥斯曼帝国时期所知的唯一——本郁金香图册创作于 18 世纪，收录了约 50 种郁金香，它们被赋予了诸如"罗马之矛"(Roman's Spear)和"增添快乐"(One that Increase Joy)这样充满诗意的名称。

　　郁金香上那些如魔法般出现的绚丽红色和紫色花纹，并非人为干预自然的产物，而是一种由蚜虫传播的病毒性疾病所致。20 世纪 20 年代，英国约翰·英尼斯园艺研究所(John Innes Horticultural Research Institute)的科学家们揭示了郁金香碎色病(tulip-breaking)的传播机制。蚜虫是许多园艺爱好者的噩梦，它们专门吸取植物茎中韧皮部的汁液。蚜虫用它们如针般细长的口器小心翼翼地穿透茎的外层，直接插到韧皮部中，那里是光合作用产生的糖分被输送到植物其他生长部位的地方。蚜虫不仅掠夺植物生长所需的能量，还可能传播病毒性疾病。病毒直到 19 世纪末才被发现，随着电子显微镜的发明，人们才逐渐理解了病毒的结构。关于病毒是否属于生物，至今仍有

193

争议：它们能够繁殖，但需要接管宿主的遗传机制。植物有许多种病毒性疾病，郁金香碎色病是其中唯一一种能够提升被感染植物价值的。

　　被郁金香碎色病毒侵染的郁金香植株，叶片呈现出斑驳陆离的色块，花瓣上则有着复杂而精细的图案，宛如手工绘制的艺术品。这种色斑效果是因为病毒干扰了植物体内花青素（一种让花朵产生红蓝颜色的色素）的合成，缺少花青素的区域会显现出纯净的白色或黄色背景色。花青素合成正常的区域界限清晰，形成细长的条纹：羽纹郁金香的色斑在花瓣边缘最宽，向花瓣中心逐渐变细；而火焰纹郁金香的颜色主要集中在花瓣的中部。现代的郁金香种植者会努力防止这种疾病，但历史上并非总是如此。郁金香从土耳其传入欧洲，那里的苏丹和贵族对它们极为珍视。土耳其的栽培郁金香可能源自中亚的野生种，而土耳其也有本土的郁金香属植物，它们都是生长在贫瘠土地上的球根植物。这种源自坚韧祖先的特性，可能是让郁金香主宰花园的重要原因，因为它们生命力顽强，能够适应各种环境并茁壮成长。

194

　　苏丹所珍视的郁金香在形态上与我们今天栽培的郁金香极为不同，这些奥斯曼帝国的花朵有着纤细的腰身和尖端向外翻卷的花瓣，随着时间的流逝，花瓣逐渐变成类似匕首和针的形状。在土耳其，栽培郁金香是一件非常严肃的事，苏丹的首席园丁同时担任首席刽子手，这不是没有原因的。伟大的苏莱曼大帝拥有绣着郁金香图案的长袍，甚至他的纹章中也有一朵郁金香。16 世纪的伊兹尼克陶瓷以鲜艳的色彩褒美郁金香，最初是伊兹尼克风格的蓝绿色，但后来变成了鲜艳的红色，与真实的郁金香无异。这种红色可能是专为描绘郁金香而创造的，但仅沿用了几十年。或许土耳其的陶瓷艺术家更注重花朵的形状而非颜色。

　　在奥斯曼帝国，通过精心的育种计划和从偏远地区引入新的野生种，人们创造出了多样而完美的郁金香。伊斯坦布尔有专门的花卉评审团，决定哪些新品种能够进入官方的郁金香名单，只有最美丽的品种才能获得如"无与伦比的珍珠"（Matchless Pearl）或"心灵之光"（Light of the Mind）这样充满诗意的名字。这些获奖的美丽花朵被展示在称为"laledan"的专用窄颈花瓶中，独自

195

盛开。土耳其语中郁金香被称为"lale"，这个词源自波斯语，在阿拉伯字母中与"安拉"（Allah，真主的名字）拼写相同。这一点使得郁金香在各种珍贵花卉中占有特殊地位。而郁金香盛开时花朵低垂，仿佛在真主面前表示谦逊，这喻示着人也应该具备同样的美德。园丁种植郁金香，期望它能帮助自己的灵魂升入天堂；郁金香的形象也成为战争中平安归来的象征。在奥斯曼帝国以令人难以置信的速度扩张的时期，郁金香是土耳其文化的重要组成部分。当土耳其人进入巴尔干半岛，在黑鸟之地科索沃杀戮塞尔维亚人时，记载这场战斗的编年史家将土耳其战死者的鲜艳头巾比作在田野上盛开的郁金香。

　　土耳其人逐渐深入欧洲，各种贸易活动也随之增长，还有什么比交易珍贵的栽培花卉更合适的呢？郁金香传入欧洲的确切时间无法确定，而法国萨瓦地区也有郁金香属的一些本地物种。但真正吸引欧洲植物学家和园艺师的，无疑是土耳其数个世纪育种努力的成果。"tulip"这个词源自土耳其语中的"头巾"（dulbend），通过一系列误传，演变成了"tulipan"（或"tulipam"）。造成这种误传的人包括神圣罗马帝国驻伊斯坦布尔宫廷大使奥吉尔·吉

塞林·德·布斯贝克（Ogier Ghiselin de Busbecq）。安娜·帕福德认为，头巾和花朵之间的混淆可能是因为土耳其人常在头巾上佩戴郁金香，当布斯贝克询问花朵的名称时，当地人可能误以为他是对头巾感兴趣。尽管布斯贝克通常被认为是将栽培郁金香引入北欧的人，但在他的旅行日记出版之前，"tulip"这个名字就已经在使用了，因此它首次引入的具体时间并不确定。

来自土耳其的郁金香所向披靡，像野火一样传遍了整个欧洲的花园，无论是植物学家还是花卉爱好者都在热烈讨论。最早描述郁金香的欧洲植物学家是瑞士人康拉德·格斯纳（Conrad Gesner），他在 1559 年写下了"Tulipa turcarum"这个名称[1]。16 世纪中叶，人脉广泛的荷兰植物学家查尔

---

[1] 格斯纳见到郁金香的年代远早于双名法诞生，这个名称并不是学名，不必斜体。1753 年，林奈为了纪念格斯纳，将栽培郁金香命名为 *Tulipa gesneriana*。

斯·德·埃克吕斯（又名卡罗卢斯·克卢修斯）开始向欧洲分发郁金香鳞茎。196 在他位于莱顿的花园里，克卢修斯对郁金香品种进行了分类，他根据花色、叶片和花瓣的排列方式，将郁金香分为 34 个不同的组。随着从东方引入新的野生品种，以及园艺师对已知品种的不断实验，栽培郁金香的种类不断增加，其中一些品种受到了郁金香迷的青睐，他们是随着经济的发展而出现的一群特殊的爱好者。这些受欢迎的品种花瓣线条匀称、颜色醒目；其中有很多是感染了郁金香碎色病毒而展现出令人叹为观止的杂色图案，且再也不会变回纯色的品种。像碎色郁金香这样可爱而独特的东西很稀有，并且越来越受到郁金香迷的追捧。碎色郁金香更加娇弱，繁殖起来也不像种源郁金香那样可靠，这反而增加了它们的神秘感和价值。

郁金香热最激烈的表现形式，即"郁金香狂热"（tulipomania），出现在 17 世纪中期的荷兰。看看与伦勃朗同时代的著名艺术家所作的花卉画，你就会明白那些带有花纹的羽纹或火焰郁金香是真正的宝物，值得用画笔永久地记录下来。郁金香出现花纹的时间和原因的不可预测性，使得这些花朵在鉴赏家眼中极为珍贵。另一个抬高价值的因素是稀缺性，因为碎色郁金香不像纯色品种那样能快速通过种子或分株繁殖。郁金香需要 7 年时间才能从种子长到开花，这意味着育种者需要等待很长时间才能知道杂交实验的结果。仔细地育种和筛选最美丽的后代需要很多年的时间，最终获得的成果也极其有限。用碎色郁金香种子繁殖的后代，性状是不可预测的，但所有鳞茎产生的分株都能保持母株的特征，也就是说，它们开出的花和母株一模一样。然而，成熟的郁金香植株产生分株的速度相当缓慢，并且可能需要长达三年的时间才能将分株从母株鳞茎上分离出来。

荷兰收藏家梦寐以求的碎色郁金香主要有三个类型：玫瑰型（Rosen，也作罗森型），其特色是在纯白底色上有着红色的花纹；堇色型（Violetten，也作维奥莱登型），其特色是在纯白底色上有着紫色的花纹；怪诞型（Bizarden，也作比扎尔登型），其特色是在黄色底色上有着红色或紫色的花纹。"永远的奥

197

Ambaſſadeur Roÿal

这幅画作的构图融合了多个元素,沿袭了 17 世纪中期荷兰花卉画派的艺术传统。画中不仅有花纹别致的郁金香(包括一个怪诞型品种和一个堇色型品种),还描绘了一簇天竺葵和两只飞蛾。这些细节都显示出画家对生活的细致观察和高超的绘画技艺。

古斯都"(Semper Augustus)是玫瑰型碎色郁金香中最著名的品种之一,它总是供不应求。据说这个品种曾经是一位鉴赏家的独家珍藏,他拒绝出售鳞茎,给再多的钱也不行。然而,这种独占并没有持续很长时间,因为很快就有少量的分株流入了市场,点燃了郁金香狂热的火焰。有人愿意为一个"永远的奥古斯都"鳞茎支付相当于一个木匠年收入 12 倍的天价,更离谱的是,这个报价居然被拒绝了。郁金香向来都能以高价出售,即便是那些"普通"品种也是如此。它们具有异域风情、稀有且神秘,而那些带有花纹的品种更是美得超凡脱俗。如果郁金香交易仅限于爱好者和对园艺及植物学有所了解的人,卖贵点倒也不是什么大问题。但金钱的诱惑是巨大的,在 17 世纪中期的荷兰,郁金香交易是少数几种几乎任何人都能以小搏大的市场之一。

　　在郁金香狂热真正爆发之前,郁金香交易是一种季节性的活动。买家可以在花朵盛开时亲自验看他们要购买的郁金香,并在鳞茎被挖出准备过冬时将其收为己有。一个简单的鳞茎到了冬天就能变成钱,这钱也来得太容易了。因此

198

这幅图中展示的"皇家大使"是一个怪诞型碎色郁金香品种,拥有散布在鲜亮黄色底色上的红色斑纹。与白底红色或紫色斑纹的碎色郁金香相比,这种颜色组合并不那么受到珍视,很可能是因为这种黄红搭配的颜色组合更为常见,缺少那种令人渴望的稀有性。

199　这种交易吸引了荷兰社会中的赌徒以及那些处境日益艰难的手工业者。当时在荷兰，每个人都有机会赚大钱。与欧洲其他地方不同，在那些国家，农民的孩子注定一生都是农民。但在17世纪的荷兰，白手起家并非不可能实现的梦想，就像后来的美国一样。尽管大多数试图提升社会地位的人最终得不偿失，但总有成功的例子，潜在的财富对人们造成了巨大的吸引力。荷兰人也以好赌闻名，他们几乎对任何事情都可以下注——天气、战争，甚至是罗马柱的样式。彩票在荷兰非常普遍，富有的商人也会冒险投资前往东印度群岛的充满不确定性的肉豆蔻贸易之旅。有这样的社会背景，难怪郁金香交易能够迅速兴起。鳞茎的价格不断上涨，种植郁金香又非常容易，钱实在是太好赚了。

　　郁金香交易的狂热以及交易对象的严重稀缺，催生了一批新型的郁金香商人。与传统意义上的花农不同，他们不亲自种植郁金香，而是作为中间商，赚取转手的差价。这种状况进一步演变成花商预售还种在地里、尚未到手的郁金香。于是，交易的物品从实物鳞茎变成了一叠纸片——期票，也就是承诺在未来特定日期以固定价格向特定人交付货物的票据。17世纪的荷兰郁金香交易者自发形成了一个期货市场，对未来郁金香的价格进行投机。纸上交易使得这种投机行为能够全年无休地进行，并且变得越来越复杂和难以捉摸。整个市场能运转下来，完全依赖于价格的不断上涨。由于交易的商品是活物，买家在鳞茎挖出之前对其真实状态一无所知。他们实际上是在赌一个生命体是否存活，以及被人照顾得好不好。大部分交易在酒馆中进行，在大量酒精的影响下，交易者很难保持头脑清醒和谨慎行事。郁金香狂热在1636年至1637年达到顶峰，最稀有品种的价格涨到了匪夷所思的程度。有报道称，有人愿意用房屋交换来年出土的鳞茎，而一枚鳞茎的转手价相当于一个普通工匠年收入的很多倍。根据迈克·达什（Mike Dash）的详细记述，一枚高价品种的鳞茎所能购买的商品包括：8头猪、4头牛、12只羊、24吨小麦、48吨黑麦、2桶葡萄酒、4桶昂贵啤酒、2吨黄油、1000磅（455kg）奶酪、1只

200　银杯、衣服、1套包括床上用品和床垫的床铺，甚至是1艘船！据估计，郁

金香交易的市值大约是当时欧洲最大的贸易机构荷兰东印度公司的 3 倍。

　　似乎就在一瞬间，这一切都戛然而止。1637 年 2 月的一天，在郁金香交易的中心哈勒姆，无论报价多低，都没有一个人来购买鳞茎了。随着消息传开，全国的郁金香价格开始暴跌。当时的消息只能通过马车来传递，尽管经过了几个月才影响到荷兰全境，但身处其中的人感受到的是瞬间的市场崩溃。鳞茎（或期票）交易的速度太快、现实中的鳞茎严重稀缺以及许多交易者实际上付不出那么多钱，这些因素共同导致了资金链的断裂。大多数交易者很

这位画家并未标明他所绘的这种深紫色堇色型郁金香的具体名称。不过，它看起来与 19 世纪最著名的"路易十六"（Louis XVI）郁金香极为相似。这种郁金香于 1776 年由一位不知名的业余爱好者在佛兰德培育出来。1789 年，它在荷兰以每个鳞茎 250 荷兰盾的天价出售，这在当时是一个令人震惊的价格。

幸运，可能是因为买卖链条过于复杂，以至于要弄清楚谁欠谁什么可能需要几十年的时间。为了平息这场动荡，荷兰政府介入并建议取消债务，买家可以仅付给花农最低限度的保证金，就算清偿债务，鳞茎可由花农卖给交易链上的下一位买家，如果他买得起的话。然而，还是有一些案件闹上了法庭，比如艺术家扬·凡·戈因（Jan van Goyen）的情况，他用金钱和画作不断地支付，但从未成功还清在鳞茎贸易中欠下的债务。毫无疑问，凡·戈因是德博拉·莫加奇（Deborah Moggach）的《郁金香热》（*Tulip Fever*）中艺术家扬·凡·洛斯（Jan van Loos）的灵感来源，这个角色投资郁金香贸易，希望为他与爱人的逃亡赚取资金。在他即将拥有一个"永远的奥古斯都"鳞茎时，债主抓住了他。凡·洛斯派仆人去取鳞茎，仆人从进行郁金香交易的酒馆里醉醺醺地回到旅店，拿到了一个包裹，然后把里面的"洋葱"吃掉了。

荷兰郁金香市场崩溃之后，许多欧洲人开始对这种花失去兴趣，但最终郁金香成了荷兰的象征。如今，大量土地被用于种植当今流行的、大规模生产的品种，这些品种色彩丰富、形态各异。如今，荷兰的郁金香种植面积占其耕地面积的一半左右，每年出口超过 200 万枚鳞茎。现代郁金香繁殖迅速，与过去那些珍贵的、由爱好者出于热爱而非为了金钱而种植的碎色品种不同。19 世纪，在英国的技术工人阶级中成立了花农协会，成员们种植花卉，并在竞赛中展示。这些协会的成员使用来自欧洲大陆的鳞茎，制定了自己对花形和颜色的标准。到了 18 世纪末，花农协会的郁金香标准形状已成为我们今天所熟知的圆润的近球形。与荷兰人一样，英国人也认可了三个主要的碎花郁金香品种：怪诞型，黄色底上有火焰或羽毛状的条纹；菫色型（这个类型在英国叫作 Bybloemen，这是一个荷兰语借词，意为"带有紫色的花"），白色底上有浅紫色、紫色或"黑色"的条纹；还有更稀有的玫瑰型，白色底上有猩红、粉红或深红色的条纹。这类协会只有一个留存至今，它就是韦克菲尔德和英格兰北部郁金香协会。成员们通过交换鳞茎（购买和销售病毒感染的鳞茎是被禁止的），保留了许多 18 世纪和 19 世纪的古老品种。这些爱好者

201

还根据形态选育郁金香，创造出素色的"种源"，然后使之感染碎色病毒，产生带有醒目图案的花朵。碎色品种的郁金香在遮阴条件下所开的花最为惊人，这与郁金香的天性一致，在贫瘠环境下生长的植物往往产生最夺目的花朵。这些品种的花被单朵展示，正如奥斯曼帝国的苏丹们欣赏它们的方式一样。

　　尽管时代变迁，花朵形状的流行趋势不断变化，但郁金香本身依然存在。真正的郁金香热仍在延续，与 17 世纪的郁金香狂热形成鲜明对比的是，它只在那些真正欣赏自然的不可预测和无尽多样性的人们中蓬勃发展。

鹦鹉型郁金香的花瓣边缘呈现出锯齿状，且分裂成羽毛状，给人一种不寻常的视觉感受，仿佛大自然的一个错误。这种奇特的郁金香可能最初在 17 世纪中期的法国出现，当时的一位法国郁金香种植者形容它们"形态奇特，色彩斑斓，令人望而生畏，因此被称为'怪物'（Monsters）"。

牵牛花*

朝颜生花藤，

百转千回绕钓瓶，

但求人之水。

——加贺千代女（1703-1775），俳句诗人

班克斯的画家悉尼·帕金森，在这幅毛子番薯（*Ipomoea trichosperma*）的草稿上写下了一些注释，并基于这些注释完成了创作："花朵的正面，包括雄蕊和柱头都是白色的，而花瓣的下表面则带有深红色的纹理。这些纹理逐渐过渡到花冠的管状部分，该部分带有绿色。叶片的正面是草绿色，带有明显而淡色的叶脉；叶片的背面则是灰蓝色，颜色较浅，带有深色的叶脉和突出的纹理。花柄和萼片染有紫色。"

对植物来说，获取光照产生能量从而生产食物是至关重要的。树木通过大幅地直立生长来达到这一目的，而藤蔓植物则通过多种巧妙的方式攀爬以接近光源。藤蔓植物要向上生长，主要做两件事：首先，它们需要找到可攀附的表面；其次，它们在攀爬过程中需要稳固自己。有些植物通过叶子或茎上的钩子来攀爬，有些植物则通过附着在支撑物表面的细小根须来实现。藤蔓植物向上攀爬的方式大致可分为两类：一类是利用卷须来攀援，另一类则是用茎本身螺旋状缠绕在支撑物上。卷须是一种非常独特的结构，可以源自植物的多个部位，如叶子、枝条或花序的变态。卷须的螺旋状收缩不仅可以将植物拉向支撑物，还可以为整个结构增加灵活性（螺旋结构在运动中能够伸展，就像一个精巧的生物力学减震器）。缠绕植物则是通过将整个茎部螺

* 本章中"牵牛花"一词泛指旋花科的藤本种类，尤其是番薯属（*Ipomoea*）的植物。

Convolvulus grandis.

John Frederick Miller pinxt. 973.

这幅中国画更注重艺术表现而非植物学精确性。尽管画面中的植物大体上能够被识别，但花朵的细节描绘得非常简略——比如鱼黄草属（*Merremia*）的花朵，实际上只是被简单描绘成黄色的色块。尽管如此，画中藤蔓交织的构图非常精准地捕捉到了牵牛花特有的生长习性。

旋状缠绕在支撑物周围来实现垂直生长，而不是依附于其上。虽然这种方式听起来似乎有点笨拙，但看看旋花或牵牛花吧，它们都能爬得很高，甚至能盖满整个树冠。事实证明，缠绕确实是非常有效的攀爬方法。

藤蔓植物的缠绕方式长期以来一直吸引着人们的注意。这类植物在寻找支撑物时会表现出有目的的行为，特别是它们的茎尖像鞭子一样绕圈规律移动，让这些植物看起来有点像动物。茎尖的这种动作被称为环状摇摆，在垂直生长的同时，在空中划出巨大的弧线，好像在主动寻找支撑物。藤蔓植物茎尖的内部结构与藤蔓的其他部分截然不同，内部没有木质化的维管组织支撑。茎尖结构像一个能弯曲的管子，管壁是较为坚硬的组织，内部是柔软的

髓。茎尖通常是直立而坚挺的，这是因为细胞内的水压把它撑了起来。这种结构可能也与环状摇摆有关，后者是由植物内部因素驱动的（确切的机制仍在研究之中），似乎与细胞间的信号传递有关。这种信号传递是由于水压变化引起的，导致细胞形状随时间而变化。复杂的细胞机制驱动了这种看似有目的的行为。虽然看似"显然"（我们不能轻易下结论，因为"显然"的答案往往不是正确的），环状摇摆增加了茎尖遇到支撑物的机会，但到目前为止，还没有人研究过这一点。

　　对藤蔓行为产生浓厚兴趣的著名人物之一是进化论的奠基人查尔斯·达尔文。1875 年，他出版了自己关于植物的首部著作《攀援植物的运动和习性》(The Movements and Habits of Climbing Plants)；此前不久，引起广泛争议的《人类的由来与性选择》(Descent of Men)及其姊妹篇《人类和动物的表情》(The Expression of Emotions in Man and Animals)问世了。达尔文与他的儿子弗朗西斯一起种植了数百种植物，这无疑是出于对植物的热爱。或许植物学研究是他摆脱关于人类起源作品争议的一种心灵慰藉，因为植物不会反驳，它们只是默默生长。到了 1870 年代，达尔文已年近 70，多数时间里身体欠佳。尽管他始终才思敏捷，创新不辍，但到了这个年纪，他的健康状况已经大不如前。达尔文对热带雨林中的藤蔓植物充满好奇，但他对植物如何实现这些运动的详细观察，却是从病床上开始的："为了更精确地了解每个节间的运动幅度，我将一盆植物放置在我因病而无法离开的温暖房间里，白天和夜晚都如此。我发现，一根超出支撑棍上端的长芽始终不停地旋转着。"达尔文那惊人的精神活力和对探索未知的执着追求，永远令人赞叹。一般人谁会利用生病卧床的时间去观察植物的运动呢？大多数人可能更愿意躺在床上，自怨自艾或小口喝热饮。

　　达尔文和他的儿子对多种植物的环状摇摆进行了细致的测量，包括它们的周期和轨迹。他们发现，大多数情况下，植物的顶端每 2-3 小时围绕一个不存在的圆转动一圈，这一行为在白天和夜晚都持续进行。当然，这一周期因植物种类的不同而有所差异：例如，啤酒花(Humulus lupulus)的旋

204

205

并非所有画作都创作在纸张或帆布上。18 世纪的许多植物学画家非常中意羊皮纸，将其视为一种珍贵的绘画材料。羊皮纸由动物皮肤（通常是山羊皮或绵羊皮）制成，经过清洗、削薄和拉伸处理，形成不同厚度的纸张。这样制成的羊皮纸基底呈现出乳白色，为画作带来独特的光泽和美感，这幅描绘提琴牵牛（*Ipomoea pandurata*）的作品就是如此。但使用羊皮纸需要格外小心，因为任何错误都需要刮除修正。

转周期非常规律，在 2 小时到 2 小时 20 分钟之间；而圆叶牵牛（*Ipomoea purpurea*）则每 4-5 小时完成一圈。有些植物的旋转速度更快，如"一种旋花属植物平均 1 小时 42 分钟可以旋转 2 周，而菜豆（*Phaseolus vulgaris*）则平均 1 小时 57 分钟旋转 3 周"。他们种植并观察了多种缠绕植物，发现环状摇摆的速度会因低温而减慢，在强光下加快，而且对物理接触没有反应。为了更好地观察植物的运动，他们尝试了各种实验，包括摩擦植物的节间部位，敲击桌面，使用不同类型的支撑物，甚至将植物的顶端切断后放入装有

206

水的盆中。据说，弗朗西斯甚至用他的巴松管为植物演奏，想看看声波是否会影响它们持续的螺旋运动！这种细致入微且看似没有重点的观察正是达尔文擅长的博物学研究方式。他能够积累大量的事实，通过比较自己和他人的观察整理思路，最终发展出属于他的突破性思想。创作出《物种起源》（*On the Origin of Species*）所需的综合性思维方式，正是始于达尔文晚年对植物运动等现象的仔细观察。有人认为，现代的科学研究更加专注细节问题，并以

七 爪 龙（*Ipomoea mauritiana*）的 块 根，在 印 地 语 中 被 称 为 bhilaykand 或 bhuyiko-hada，它们在阿育吠陀医学中用于治疗皮塔（pitta）和瓦塔（vata）失衡所导致的问题。皮塔和瓦塔是构成人体心理和生理属性的三种能量类型（Doshas）中的两种。在阿育吠陀医学中，皮塔指的是"胆汁或火"，负责身体的各种生理化学过程，包括新陈代谢以及热量和能量的产生；而瓦塔相当于"气"，管理身体的运动和感知功能。

经费为导向，这种对自然界的广泛好奇心已经大大减少了。好奇心在过去确实带来了回报，如果它完全消失，那将是件遗憾的事。

　　达尔文也注意到了所有对藤蔓植物感兴趣的人都会观察到的现象——有些植物的缠绕方向是自左向右，而有些则是自右向左。有一首民歌讲述了忍冬（即金银花）和牵牛花之间的爱情故事：她向右缠绕，而他向左；他们的后代直立生长，但最终倒下。这首歌象征着不自然的男女关系。达尔文发现，在极少数情况下，植物的缠绕方向可能会发生逆转——一种番薯属植物最初朝一个方向缠绕，然后改变方向，之后又变了回去，但这极不寻常。缠绕植物通常会坚持一个方向：番薯属的植物要么朝左边缠绕，要么朝右边，而且同一物种的所有个体都是一致的。所有藤本植物几乎都这样，达尔文父子在道恩进行的实验也证实了这一点。

　　牵牛花家族的科学名称就来自它们的缠绕习性，旋花科的学名 Convolvulaceae 源自拉丁语 convolvere，意为"缠绕"。旋花科许多成员的俗名都与这种缠绕生长形式有关。田旋花（*Convolvulus arvensis*）是全球最有害的藤蔓之一，而英国的旋花（*Calystegia sepium*）则因其扼杀能力和无处不在的根系而闻名，俗称"恶魔的肠子"和"罗宾跑过树篱"。不过，另有一些俗名是根据它们美丽的花朵起的，"清晨的荣光"无疑是指大片牵牛花盛开时的壮观景象。广义的"牵牛花"是番薯属植物的俗称，全世界有 500 多个物种，大多数为早上开花，花期不到一个白天。不过，夺目的月光花（*Ipomoea alba*）是在夜间开出白色或紫色的芬芳花朵。林奈将这些植物称为 *Ipomoea Bona-Nox*，大致可以翻译为"美丽的夜开旋花"。各种牵牛花花朵都有类似的形态，花蕾时规律折叠且向一个方向旋转，开放时呈现出从白色到红色和黄色的各种颜色的喇叭形花朵。有意思的是，牵牛花的花蕾总是美观对称地扭曲，与缠绕的藤蔓相映成趣。当牵牛花在仲夏盛开时，整根藤蔓都会挂满花朵。

　　在日本，牵牛花是夏季的象征。每年在东京举办的牵牛花市集（朝颜市）上，会售出成千上万盆牵牛花。日本和中国常见的牵牛花是牵牛（*Ipomoea nil*），是中国陶瓷，尤其是 15 世纪的明代青花瓷上常见的装饰元素。而在日本，牵牛花的培育达到了艺术的高峰。牵牛于 8 世纪从中国传入日本，起初是因为它的种子能入药。几个世纪来，日本培育出了多种壮观的牵牛品种，包括重瓣形态，不同深浅的蓝、紫、白色以及花朵巨大的品种。在 17 世纪和 18 世纪，皇室牵牛花①非常流行，并在明治时代（1868-1912）达到顶峰，当时日本首都从京都迁到江户，而江户后来被改名为东京。牵牛花节在 19 世纪 80 年代和 90 年代非常盛行，但由于东京地区的土地压力，牵牛花节在 20 世纪初开始衰落。二战后，当地商人复兴了这个节日，如今，每年七月，东京的入谷区会举办为期三天的牵牛花节，整个地区变成牵牛花的海洋。日本人用这种短暂而充满夏日气息的花朵来庆祝夏天，而且通过配送服务，可以直接从集市将牵牛花送到朋友或家人手中，表达为收花人带去好运的心意。

　　牵牛花几乎可以在任何地方生长，在热带和温带都有适应当地环境的种类。在空调和电扇还未普及的年代，作为快速生长的遮阴植物，它们常被种在炎热地区的阳台和门廊。相比单调的空调外机，牵牛花形成的一帘蓝紫色花朵随风摇曳，无疑更具美感。旋花科植物在全世界的干旱地区也具有极高的多样性，在荒漠的草木和藤本植物群落中扮演着重要角色，特别是在澳大利亚和美洲。这些沙漠里的旋花科植物中，许多品种拥有大型的贮藏根，如田旋花（*Convolvulus arvensis*），还有一些则是生命周期短暂的一年生植物。

　　墨西哥是牵牛花种类繁多的地区，这些植物不仅因美丽而受到珍视，而且在文化上也非常重要。西班牙征服墨西哥后不久，医生弗朗西斯科·埃尔南德斯（Francisco Hernández）在墨西哥记录了一种名为 ololiuqui（俗称墨西哥牵牛子）的植物在占卜中的使用。在他之前的西班牙征服者曾写道："当地人能与魔鬼交流……墨西哥牵牛子能让他们如痴如醉，被各种幻觉所欺骗。他们说这些幻觉是由种子中的神灵引起的。"埃尔南德斯是一位敏锐的观察者，他记录道："当祭司想要与他们的神灵交流并接收神谕时，他们会服用这

208

---

① 指的是牵牛和圆叶牵牛的杂交品种。

209

Convolvulus

113 rv

种植物来产生一种谵妄状态。在这种状态下，无数邪恶的幻象出现在他们面前。"即使排除掉基督徒记录者笔下的强烈反感，墨西哥牵牛子也显然是一种用于与灵魂世界沟通的植物。几个世纪来，墨西哥牵牛子的真实身份一直是个谜。有人认为它是茄科的一员，比如曼陀罗（*Datura* sp.），其花朵看起来非常像牵牛花。这种鉴定曾被广泛接受，直到哈佛大学杰出的植物学家理查德·埃文斯·舒尔特斯（Richard Evans Schultes）最终澄清事实。舒尔特斯毕生致力于研究新世界的民族植物学，在墨西哥瓦哈卡州收集了一些被用于占卜的牵牛花种子。这种植物名为盘蛇藤（*Turbina corymbosa*，有时也处理为 *Ipomoea corymbosa*），这才是墨西哥牵牛子的真实身份。回顾早期的插图，缠绕习性、心形叶子和独特的喇叭形花朵说明这确实是一种牵牛花。

在 20 世纪 50 年代，美国精神病学家汉弗莱·奥斯蒙德（Hamphrey Osmond）在自己身上做了实验，发现服用盘蛇藤的种子会导致冷漠和无精打采，随后出现幻觉，以及一种放松的幸福感。然而，也有人不相信它有任何效果。尽管已经在植物学上被鉴定，墨西哥牵牛子仍然笼罩在疑云之中。

后来，另一位在瓦哈卡工作的植物学家发现，当地人也用另一种牵牛花（三色牵牛，*Ipomoea tricolor*）乌黑发亮的种子充当麻醉药，这类植物具有精神活性的事实终于确凿无疑了。但活性成分是什么呢？令人惊讶的答案来自这两种牵牛花所含有的麦角生物碱，这类化合物之前只在麦角菌（*Claviceps*）和青霉菌（*Penicillium*）等真菌中发现过。1960 年代，瑞士化学家阿尔伯特·霍夫曼（Albert Hofmann）从盘蛇藤和三色牵牛中分离出了几种麦角碱，二者所含的种类略有不同，但主要成分都是麦角酰胺（LSA）。霍夫曼在自己身上做实验，亲自服用了纯的麦角酰胺和异麦角酰胺（前者的异构体），确认这两种生物碱都具有强烈的致幻作用，或者说，能让人产生类似精神病的症状。让人细思极恐的是，霍夫曼早在 1930 年代就用麦角酸合成

① 原文如此，但说法有误。牵牛 (*Ipomoea nil*) 和裂叶牵牛 (*Ipomoea hederacea*) 是不同的物种。牵牛名字的来历最早见于东晋陶弘景《名医别录》："此药始出田野，人牵牛谢药，故以名之。"意思是说医生用牵牛的种子治好了病，老百姓牵着牛去作为给医生的酬谢。

210

在中国，牵牛（*Ipomoea nil*）有个别名叫"裂叶牵牛"，寓意"叶片裂开的藤蔓牵着牛"，这与一个古老的传说有关。传说中，牵牛花的种子治愈了一位农民的绝症，为了表达对这种植物的感激之情，农民牵着自己最宝贵的财产——牛，来到牵牛花生长的田地，以此向植物致敬。①

蕹菜（*Ipomoea aquatica*）的叶片和茎爆炒后很好吃，因此亚热带地区的人们经常将其种植在池塘里。但这个做法会带来一些环境风险，因为蕹菜的生长极具侵略性，它会迅速蔓延并堵塞水流，排挤本地水生植物，让水体成为蚊子繁殖的理想环境。美国农业部已经将蕹菜列为一种需要警惕的联邦级有害杂草。

了一种强力的致幻剂，右旋麦角酸二乙酰胺（LSD），它和墨西哥牵牛子的天然成分只有少许化学结构的区别。从效用上来看，墨西哥牵牛子中的生物碱大杂烩有显著的麻醉作用。霍夫曼发现麦角酰胺和异麦角酰胺都能引起放松和昏昏欲睡的感觉，而 LSD 是一种纯粹的致幻剂，效果比前二者强百倍。墨西哥人使用的这些植物具有重要的文化意义和仪式作用，它们是力量和帮助的来源，而非用于享乐。

211　　当墨西哥牵牛子的故事广为人知后，如舒尔特斯所说，食用各种牵牛花的种子"在欧洲和美国某些边缘人群中"流行起来。这些种子在园艺市场上正常销售，你走到街角的花店就能顺手买上一包。尽管由于精神药物滥用问题日益严重，许多地方开始采取措施，限制向公众销售牵牛花种子，但收效甚微。其实，当时的人们普遍反映，咀嚼牵牛花种子只会引起恶心和呕吐，因为园艺品种大多没有致幻效果。不过，牵牛花能致幻并不是神话，旋花科的另外几个物种也因为具备类似 LSD 的效果而进入了植物药品领域。经过普遍的测试，科学家发现大多数种类的牵牛花种子确实含有一定量的麦角碱。

舒尔特斯曾好奇，为何除了墨西哥之外，其他地方并未发现使用牵牛花进行占卜的传统，这种强大的植物药在全球范围内似乎并未被充分利用："这是一个令人困惑的民族植物学问题，麦角碱在地理和系统发育上在旋花科中分布得如此广泛，为何墨西哥以外的土著居民从未利用这些植物产生精神幻觉效果？或者，他们实际上使用过，只是我们还不知道？"这确实是一个谜，反映了人们与植物关系的复杂性——它们可能是零星的、看似随机的，但最重要的是，高度个性化的。

牵牛花，以其令人陶醉、短暂而神秘的特性，迅速在人们的想象中生根发芽。它们几乎成了人类与植物之间多面关系的象征。

月光花（*Ipomoea alba*）可能最初生长在美洲，但已经扩散到世界各地，并在南北半球的热带和亚热带地区像本地植物一样生长。人类在迁徙时，往往会携带自己欣赏的植物，例如在夜间散发迷人香气的月光花。人类所到之处，植物也随之而至，这使得确定哪些植物是真正本土的、哪些是外来的变得非常具有挑战性。

关于学名

植物学家用若干个等级对植物进行分类，但在这本书里，我只使用了三个嵌套的等级：科、属和种。科由具有最近共同祖先的若干个属组成。植物学中的科名以"-aceae"结尾，例如，所有的木兰都属于木兰科（Magnoliaceae）。有些人仍然使用不同结尾的替代科名，例如十字花科（Brassicaceae）以前叫 Cruciferae，棕榈科（Arecaceae）以前叫 Palmae[①]。现代植物分类学界推荐大家改用新的科名，这并不是无事生非，而是期望让非专业人士更清楚我们在讨论的分类级别。

属是一个定义更为狭窄的分类群，包含具有最近共同祖先的物种，而每个物种都有独有的特征与其他近缘物种区分开[②]。植物和动物的科学名称是基于拉丁文的，可能显得有些古老。使用拉丁文的一个原因是它是科学时代初期的学术语言，但更重要的原因是拉丁文的学名具有唯一性，可以避免混淆。植物或动物在不同地方可能有许多不同的俗名。例如，学名为 *Endymion non-scriptus*（L.）Gaertn. 的植物在英格兰被称为蓝铃花，但在美国和苏格兰，"蓝铃花"这个名称指的是完全不同科的风铃草属（*Campanula*）植物。在中国，学名为 *Magnolia liliiflora* 的植物被称为紫玉兰，而在英语世界中则被称为"Lily-flowered magnolia"[③]。学名使得关于生物的讨论在国际上更为统一。

在分类学的早期，科学家们使用长长的拉丁文句子或短语来称呼生物，这些名称的第一个词是属名。现代植物学之父卡尔·林奈引

① 像这样保留下来并仍能合法使用的科名一共有 10 个。
② 这是形态学中种的定义方式，实际情况很复杂，物种间不一定有清晰的形态特征界限。
③ 作者采用的是广义木兰属的概念，如果按中国植物学家的分类方式，紫玉兰的学名应该是 *Yulania liliiflora*。

入了一种"简化命名"系统，把属名后长长的描述性句子简化为一个单词，从而彻底改变了我们命名植物和动物的方式。今天，植物和动物的学名由两个词构成，属名和种名，这种命名法也因此被称为"双名法"。按照惯例，印刷体中，属名和种名都用斜体表示，而科名通常用正体；属名首字母大写，而种名（也叫种加词）几乎不大写。例如，我们自己的学名是 *Homo sapiens*，*Homo* 为属名，*sapiens* 为种加词，属于人科 (Pongidae)。

植物的学名由《藻类、真菌和植物命名国际法规》(*International Code of Nomenclature for algae, fungi, and plants*) 规范。在六年一度的国际植物学大会上，全世界的植物分类学家投票通过这套法规的最新版本。近 200 年来，命名法规一直在调整和完善，随着全球范围内的实际应用不断演变。法规中的一个规则有时会引起园艺爱好者和植物学家之间的龃龉，那就是优先权原则。优先权很简单：最早命名的名称是"合法"正确的，也是我们应该使用的。这可能会令人不快，因为一些在社会上长期使用的名称会因为发现了一个更早的名称而突然被改掉。例如，白玉兰的学名曾经广泛使用的是 *Magnolia denudata*，直到有人发现更早发布的种名 heptapetala。按照优先权

原则，这个学名本应更改，但法规中有个巧妙的"保留和废弃"条款。植物学家可以提议保留一个名称，使其成为超过所有更早名称的正确名称；或者废弃一个名称，使其永远不再被视为正确名称。这些规则可以让使用习惯的稳定性免于遭到破坏，但必须有非常充分的理由。保留或废弃名称的决定不会轻易做出[①]！名称更改的另一个原因是对生物演化关系的理解发生了变化，主要涉及某个物种所在的属是不是发生了改变。例如，番茄的学名最初由林奈定为 *Solanum lycopersicum*，后来菲利普·米勒将其划分出去，成立了一个新属——番茄属，于是番茄的名字变成了 *Lycopersicon esculentum*。如今我们知道，番茄及其近亲仍然应该置于茄属之内，它们与马铃薯关系最密切。所以番茄的学名又变回了 *Solanum lycopersicum*。尽管今天番茄用的是林奈最开始起的学名，但这一系列的名称更改反映了生物演化关系上的知识进步。

除了需要在跨文化交流中易于理解外，植物的学名还必须具备唯一性。因此，分类学家会在植物的名称后加上命名者的姓氏。例如，罗伯特·布朗命名了蒲葵属的新物种矮蒲葵，当我们需要用到这个物种的全名时，就会将其写作 *Livistona humilis* R. Br.，加上了 Robert

---

[①] *Lassonia heptapetala* 是 1779 年根据中国国画而非标本发表的名称，很多植物学家都认为该发表没有实物、描述不全、特征不对，因此 heptapetala 这个旧种名早就被废弃了。废弃这个名称的原因并不是为了尊重使用习惯，而是因为旧名称证据不足。

Brown 的标准缩写。这么写的意义是"罗伯特·布朗命名的 Livistona humilis"，与任何其他人命名的"Livistona humilis"区分开来。不要以为植物学家不会重复使用别人用过的名称，这种情况在过去信息交流不畅的时代一点都不少见！不过，现在我们有数字化的索引系统，可以避免重复使用名称的情况。命名人有时候会写在括号里，表示该物种最初曾经被放在别的属里。例如，植物学家爱德华·弗雷德里希·波佩格（Eduard Frederich Poeppig）最初给王莲起了学名，因此当时它的名称是 *Euryale amazonica* Poeppig。后来的植物学家认为，它与其他芡属（*Euryale*）物种有显著差异，足以划分为一个新属，于是给它起了一个新名字 *Victoria regia*。但种名 *amazonica* 比种名 *regia* 更早，因而具有优先权，所以王莲的完整学名变为 *Victoria amazonica* (Poepp.) Sowerby。这个写法表示，波佩格给王莲起的种加词依然有效，而约翰·索尔比（John Sowerby）最终将属名和种名正确结合在一起。为了方便阅读，本书中使用的学名都没有注明命名人，但如果要追求准确性，应该把命名人也写上。仔细考据物种名称及其命名人，分类学家才能够顺利工作，这也是生物学共同语言的基础。

人物和作品小传

费迪南德·鲍尔 (Ferdinand Bauer)，1760–1826，奥地利费尔兹贝格

与父亲和哥哥一样，费迪南德也成了一名职业艺术家。1785 年，他结识了牛津大学植物学教授约翰·西布索普（John Sibthorp），当时西布索普正计划前往黎凡特探险，他立即聘请鲍尔担任此次探险的艺术家。1801 年，鲍尔被任命为由马修·弗林德斯（Matthew Flinders）船长领导的探险队的博物画家，前往澳大利亚海岸进行考察。鲍尔在澳大利亚度过了将近 4 年时间，绘制了超过 2000 种植物和动物。回到英国后，他为植物学家罗伯特·布朗（Robert Brown）撰写的第一本澳大利亚植物志创作了实物大小的植物水彩画。他的澳大利亚动植物水彩画被认为是有史以来最精美的作品之一。1814 年，鲍尔回到维也纳居住。

弗朗茨·鲍尔（Franz Bauer），1758–1840，奥地利费尔兹贝格

弗朗茨·鲍尔的父亲是列支敦士登亲王的宫廷画家，弗朗茨和他的两个兄弟追随父亲的脚步，成为艺术家。小时候，他们三兄弟受聘于诺伯特·博奇乌斯（Norbert Boccius）博士，绘制他们居住的瓦尔蒂采地区的野生植物。博奇乌斯教他们植物绘画，指导他们以科学准确的方式描绘植物。1788 年，弗朗茨·鲍尔造访伦敦，原本打算继续前往巴黎；然而，他接受了约瑟夫·班克斯爵士提供的邱园植物插画师职位。鲍尔成为邱园的第一位受薪植物艺术家，并一直工作到 1840 年去世。弗朗茨·鲍尔是技术上最精湛的植物艺术家之一。他也是一名技艺高超的植物学家，并通过显微镜进行了许多详细的植物结构研究。他和他的兄弟费迪南德·鲍尔被认为是有史以来两位最伟大的植物艺术家。

詹姆斯·博尔顿（James Bolton），1735-1799，英格兰约克郡索尔比

詹姆斯·博尔顿是一个织工的儿子，早年也从事织工这一职业。他是自学成才的植物学家兼艺术家，晚年还学会了制作自己作品的雕刻版画。他的兄弟托马斯也是一位杰出的博物艺术家。两兄弟收集了大量博物学标本，并拥有广博的植物学知识。詹姆斯对苔藓、真菌和蕨类植物特别感兴趣，创作了大量精美的绘画作品。他在当时的科学家和博物学家中非常有名，且备受尊敬。兄弟二人曾与彼得·科林森（Peter Collinson）、菲利普·米勒（Philip Miller）和詹姆斯·爱德华·史密斯（James Edward Smith）（林奈学会的创始人）等人保持通信联系，他们的资助者是波特兰公爵夫人。詹姆斯在英格兰北部广泛旅行，收集、记录和绘制该地区的植物。1778 年，他搬到哈利法克斯，直到 1799 年去世。

彼得·布朗（Peter Brown），活跃于 1758-1799 年

虽然彼得·布朗是否曾是乔治·埃雷特（Georg Ehret）的学生尚无定论，但他无疑深受这位伟大艺术家的影响。1766 年至 1791 年，布朗曾在自由艺术家协会和皇家艺术学院展出作品。他的大部分绘画作品是花卉，但他也绘制贝壳和鸟类，其中一幅是为托马斯·彭南特（Thomas Pennant）的《北极动物学》（*Arctic Zoology*）创作的美洲反嘴鹬（American Avocet）。在事业巅峰时期，他成为威尔士亲王的宫廷画家。

亚瑟·哈里·丘奇（Arthur Harry Church），1865-1937，英格兰普利茅斯

在母亲去世后，丘奇继承了 100 英镑的遗产，并进入阿伯里斯特威斯学院学习。4 年后，他获得了牛津大学皇后学院和耶稣学院的奖学金，并于 1894 年以植物学一等荣誉学位毕业。他继续在耶稣学院植物学系工作，直到 1930 年。丘奇专攻比较植物形态学，并且是显微技术专家。他在理论和实践植物学方面的贡献被许多人认为是革命性的，他的艺术作品也独具一格。他的水彩画描绘了植物结构，作为他 1908 年出版的《开花机制的类型》一书的插图。这些图像细节缜密，色彩明亮，与他的黑白花卉切面图形成了完美的对比。

约翰·克里斯托弗·迪茨施（Johann Christoph Dietzsch），1710-1768，德国纽伦堡

迪茨施来自一个庞大的艺术家家族，族中大多数成员专注于花卉绘画，而迪茨施本人还擅长风景画。他的出生地纽伦堡是 18 世纪植物艺术的重要中心之一，迪茨施家族在当地非常有名且备受尊敬。迪茨施、他的父亲和两个姐妹都在纽伦堡的宫廷任职。迪茨施家族的标志性特点是将画作创作在深棕色或黑色的背景上，这种强烈的对比突出了画作中使用的鲜艳色彩。

荷兰植物绘画收藏

到 18 世纪，荷兰的花卉绘画不仅包括传统的大型花束展示，还涵盖植物学研究。艺术家的目标是既提供科学的准确性，又展现植物的美丽。在植物学研究中，凡·惠松和凡·德·芬（van der Vinne）两个大家族占据了重要地位。这两个家族成员众多，许多人都是花卉画家。自 17 世纪中期起，由于"郁金香狂热"席卷了北欧，以郁金香为主题的艺术作品广受欢迎。这些绘画作品中，有些非常完美，例如 M.J. 巴比尔斯（M.J. Barbiers）的水彩画，在色彩柔和的花瓣上精心描绘了露珠。伦敦自然博物馆从荷兰水彩画收藏中精选出了一些牡丹、鸢尾花和郁金香的图像。

格奥尔格·狄奥尼修斯·埃雷特（Georg Dionysius Ehret），1708-1770，德国海德堡

埃雷特是一个园丁的儿子，自己也曾做了几年园丁学徒。他自学了水彩画技术，并在 23 岁时决定成为一名画家和植物学家。历尽艰辛，他最终得到了纽伦堡医生克里斯托弗·雅各布·特里（Christopher Jacob Trew）的认可，特里成为他的赞助人和终身之友。1736 年，埃雷特访问荷兰，遇到了瑞典科学家林奈（Linnaeus），并与他合作了《克里福特花园》（Hortus Cliffortianus, 1738）。埃雷特最终定居伦敦，他更喜欢充满"真实的异国植物"的英国花园，而不是荷兰的花园。在伦敦，他成为当时最伟大的植物艺术家之一，创作了大量描绘来自世界各地新引入植物的图画，既有纸本的，也有羊皮纸本的。1757 年，埃雷特成为英国皇家学会唯一的外籍会员。

沃尔特·胡德·费奇（Walter Hood Fitch），1817-1892，苏格兰格拉斯哥

沃尔特·胡德·费奇搬到伦敦，成为皇家植物园邱园的驻园植物艺术家，他也是最多产的植物艺术家之一。从 1834 年到 1877 年，他是柯蒂斯《植物杂志》（Botanical Magazine）的主要插图贡献者，并亲自为自己的作品制版印刷。他的其他主要作品包括为胡克的《植物图谱》（Icones Plantarum, 1836-1876）、《锡金喜马拉雅的杜鹃花》（Rhododendrons of Skkim-Himalaya, 1849-1851）以及 H.J. 埃尔韦斯（H.J.Elwes）的《百合属专著》（Monograph of the Genus lilium, 1877-1880）绘制的插图。费奇在 1869 年为《园丁纪事报》（Gardeners' Chronicle）撰写了一系列关于植物插图的文章。1880 年，首相本杰明·迪斯雷利（Benjamin Disraeli）授予费奇每年 100 英镑的国家年金，以表彰他的贡献。

214

约翰·弗莱明（John Fleming），1747—1829

约翰·弗莱明是印度医疗服务处的一名外科医生，曾在孟加拉任职。1793 年，在基德上校去世后，他被任命为加尔各答植物园的临时主管。像当时许多医生一样，弗莱明不仅是一位医生，还是一位植物学家。他主要对药用和经济植物感兴趣，这促使他在印度各地进行了广泛的植物采集旅行。弗莱明收藏的绘图是由当地印度艺术家为威廉·罗克斯堡（William Roxburgh）绘制的 2000 多幅图像中的精选复制品。在约瑟夫·班克斯（Joseph Banks）爵士的支持和东印度公司的资助下，罗克斯堡出版了他的著作《科罗曼德海岸植物》（*Coast of Coromandel*, 1795-1819）。这些原始绘图在 1790 年代中期完成，并为包括约翰·弗莱明在内的罗克斯堡的朋友们制作了副本。这些副本的日期从 1790 年代一直延续到 19 世纪初。弗莱明收藏的绘图约有 1160 幅，1882 年被自然历史博物馆购买。

安德烈亚斯·弗里德里希·哈佩（Andreas Friederich Happe），1733—1802，德国阿舍斯莱本

哈佩是一位德国博物学家和艺术家，曾在柏林科学院工作。本书中再现的图像来自他的六卷本《药用植物学》，这是书中五幅手工上色版画中的两幅，除了这五幅之外，书中其他画作均为原创艺术作品。

雅各布斯·凡·惠松（Jacobus van Huysum），1687—1740，荷兰阿姆斯特丹

雅各布斯是伟大的荷兰花卉画家扬·凡·惠松（Jan van Huysum）的弟弟。他生命的最后 20 年在英国度过，为约翰·马丁（John Martyn）的《稀有植物志》（*Historia Plantarum Rariorum*, 1728-1736）和园丁协会《植物目录》（*Catalogus Piantarum*, 1730）完成插图。他部分时间与植物艺术家埃雷特（Ehret）合作，自然博物馆中惠松的图画集包括一些埃雷特的作品。作为植物插画家，惠松还受雇制作过去的大师作品的复制品，但他的艺术才能远未达到他哥哥的水平。

印度综合绘画收藏（IDM Collection）

该收藏包含约 600 幅 19 世纪早期的植物插图。这些插图描绘的是当时印度植物园中的植物，但不一定是印度本土的。许多植物是由来自中国、马来群岛和苏门答腊等地的采集者和植物学家引入的。与弗莱明和萨哈伦普尔花园收藏一样，这些绘图的艺术家仍然未知。

威廉·基尔本（William Kilburn），1745—1818，爱尔兰都柏林

威廉·基尔本在一个印花布工厂开始了他的职业生涯，在那里他学习了雕刻艺术。年轻时，在父亲去世后不久，他与家人搬到了伦敦。在伦敦，他遇到了威廉·柯蒂斯

（William Curtis），柯蒂斯雇用他作为艺术家和雕刻师为自己的作品《伦敦植物志》（*Flora Londinensis*）工作。据詹姆斯·爱德华·史密斯（James Edward Smith）称，基尔本在一些艺术作品中使用了暗箱。1777 年，他离开了柯蒂斯，回到了印花布商业界，成为一名纺织品设计师。他在印花布花卉设计方面取得了巨大的成功。

约翰·林德利（John Lindley），1799–1865，英格兰诺福克

约翰·林德利在约瑟夫·班克斯（Joseph Banks）爵士的图书馆担任助理开始了他的职业生涯，之后在伦敦园艺学会工作。他是一位杰出的植物学家，并于 1829 年至 1860 年担任伦敦大学学院的植物学教授。他认为，绘制沽体标本是植物学研究的关键部分。林德利于 1820 年成为伦敦林奈学会会员，1828 年成为皇家学会会员，于 1841 年与约瑟夫·帕克斯顿（Joseph Paxton）爵士共同创办了《园丁纪事报》。他还在 1858 年至 1863 年担任皇家园艺学会的秘书。皇家园艺学会的林德利图书馆就是以他的名字命名的。

奥尔加·马克鲁申科（Olga Makrushenko），俄罗斯莫斯科

奥尔加·马克鲁申科是一位来自莫斯科的年轻艺术家，她的作品采用喷枪叠加技术，捕捉到了植物的精神和活力，这是当代植物插图中常常缺失的特点。2001 年，自然博物馆通过向会员募资成功后，直接从马克鲁申科手中购买了她的作品，这是新世纪加入植物艺术收藏的第一件艺术品。

玛格丽特·米恩（Margaret Meen），活跃于 1770–1820 年代，英格兰萨福克

玛格丽特·米恩在 1770 年代搬到伦敦，教授花卉和昆虫绘画。她作为植物艺术家在 1775 年至 1785 年在皇家艺术学院展出作品，并于 1810 年作为会员在水彩画协会展出作品。她花费了大量时间在皇家植物园（邱园）绘制植物。1790 年，她出版了《皇家植物园邱园中的外来植物》（*Exotic Plants from the Royal Gardens at Kew*）的第一期，献给夏洛特女王（Queen Charlotte）。原计划每年出版两期，但后续的期刊未能实现。

玛丽亚·西比拉·梅里安（Maria Sibylla Merian），1647–1717，德国法兰克福

玛丽亚·西比拉·梅里安出生于一个艺术世家，她的父亲是一位雕刻师，她的母亲在父亲去世后再嫁给了一位艺术家。因此，玛丽亚从小就受到艺术的熏陶。她自己也嫁给了一位艺术家，并于 1670 年与丈夫搬到纽伦堡，成为一名花卉画家。由于婚姻不幸，玛丽亚后来离开了丈夫，带着女儿们搬到阿姆斯特丹。1699

年，在荷兰政府的资助下，她启程前往苏里南，在那里她收集并绘制了昆虫和植物的图像，持续了两年。回到荷兰后，她于 1705 年出版了《苏里南的蝴蝶和蛾》（*Butterflies and Moths of Surinam*,1705），并受委托为许多仰慕她作品的人绘制花卉和昆虫，其中包括彼得大帝。许多 18 世纪的著名科学家（如林奈）研究了她的绘画和她收集的标本。

215

约翰·弗雷德里克·米勒（John Frederick Miller），活跃于 1770–1790 年代，英国伦敦

约翰·弗雷德里克·米勒是约翰·塞巴斯蒂安·穆勒（Johann Sebastian Mueller）的儿子，后者于 1744 年从纽伦堡迁居伦敦，也是一位植物艺术家。约瑟夫·班克斯爵士认为约翰·弗雷德里克是一位出色的艺术家，并雇用他和其他艺术家一起完成悉尼·帕金森（Sydney Parkinson）在奋进号航行期间的素描。1772 年，他陪同约瑟夫·班克斯爵士前往冰岛，并绘制了许多此次旅行中收集的植物。

弗雷德里克·波利多尔·诺德（Frederick Polydore Nodder），活跃于 1770–1800 年代

1776 年，约翰·弗雷德里克·米勒、他的兄弟詹姆斯（James）和约翰·克莱夫利（John Cleveley）离开了班克斯的雇用，诺德被聘请来重绘和完成剩下的悉尼·帕金森素描。他与三位雕刻师一起工作了约 5 年，试图完成

班克斯的《奋进号航行植物志》（*Florilegium of the Endeavour Voyage*）。诺德还为伊拉斯谟·达尔文（Erasmus Darwin）的《植物园》（*Botanic Garden*,1789）和托马斯·马丁（Thomas Martyn）的《38 幅图带你了解林奈植物分类系统》（*Thirty Eight Plates with Explanations Intended to Illustrate Linnaeus's System of Vegetables*，1794）做出了贡献。他还为《田园植物志》(Flora Rustica,1792–1794) 完成了雕刻和绘图。1785 年，他被任命为夏洛特女王的植物画家，并在皇家艺术学院展出作品。

悉尼·帕金森，（Sydney Parkinson），1745–1771，苏格兰爱丁堡

悉尼·帕金森出生于一个贵格会家庭，年轻时在一家羊毛布商店当学徒。他的艺术才能引起了约瑟夫·班克斯爵士的关注，班克斯雇用帕金森绘制从纽芬兰收集的植物标本，并复制约翰·洛顿（John Loten）收藏中的锡兰绘图。班克斯还派帕金森前往邱园植物园进行绘画。1768 年，帕金森作为两位随行艺术家之一，陪同班克斯乘坐"奋进"号环球航行。他绘制了许多来自太平洋地区的植物和动物图像，但在返程途中因痢疾和疟疾不幸去世。

西番莲（Passiflora）

这些西番莲的图像来自一组活页插图，与哈佩

的龙胆草一起，是本书中仅有的几幅版画。它们因其独特的呈现方式和古早的创作时间而被选中。这些版画包括弗拉·多纳托·德·埃雷米塔（Fra.Donato d'Eremita,1619）和托比亚·阿拉迪尼（Tobia Aladini,1620）的作品。

克拉拉·波普（Clara Pope），约 1767-1838

克拉拉·波普在 1796 年至 1838 年在皇家艺术学院展出作品。她的花卉画都是大幅且壮观的，这些作品在学院展出时为她赢得了声誉。她为塞缪尔·柯蒂斯的《山茶属专著》（*Monograph on the Genus Camellia*,1919）和《植物之美》（*Beauties of Flora*, 1806–1820）绘制插图。在艺术生涯早期，她绘制过微型画，同时也担任艺术家的模特。后来，她开始创作全身肖像画，并给贵族的女儿们教授艺术。但她最杰出的作品仍然是她绘制的花卉画，特别是牡丹、山茶花和玫瑰，这些画作色彩鲜艳，充满生命力。

约翰·里夫斯（John Reeves），1774-1856，英格兰西汉姆

约翰·里夫斯于 1812 年以东印度公司验茶师的身份抵达中国广州。当时，广州是中国唯一一对西方开放的港口，所有欧洲商人的活动都受到清朝官员的严格控制。贸易只允许在冬季进行。四月到八月之间，欧洲商人移居澳门。在此期间，里夫斯有时间专注于他对博物学的兴趣。他被派驻至广州 3 次，每次约 5 年，最后一次任期于 1831 年结束。1817 年，伦敦园艺学会接受了里夫斯主动提供的植物绘图和标本。里夫斯安排中国艺术家在他的监督下绘制了许多西方从未见过的奇异植物。自然博物馆收藏了其中由不同艺术家创作的 900 多幅植物画。

T. 雷歇尔（T.Reichel），活跃于 1787 年

自然博物馆收藏的雷歇尔绘图包括 11 幅水彩画，这些作品是在 1787 年至 1789 年在马德拉斯完成的。马德拉斯植物园是东印度公司在印度拥有的三大植物园之一。

弗兰克·霍华德·朗德（Frank Howard Round），1878-1958

弗兰克·霍华德·朗德是查特豪斯学校的助理绘画老师，他在每天的教学结束后，专注于绘制鸢尾属植物的图画。自然博物馆植物图书馆收藏的这些鸢尾属植物绘图，是为内森尼尔·查尔斯·罗斯柴尔德（Nathaniel Charles Rothschild，1877–1923）创作的。罗斯柴尔德在阿什顿·沃尔德（Ashton Wold）的家中拥有一个精美的花园，并在他和兄弟位于特林的家中种植了大量的鸢尾属植物，这些正是朗德绘制的植物。植物通常通过邮件分批送到，每次 3–4 株，因此到达时并不总是处于最佳状态。这些图画在 1911 年至 1920 年之间绘制。

威廉·罗克斯堡（William Roxburgh），1751–1815，苏格兰艾尔郡克雷吉

威廉·罗克斯堡是一位医学博士，1776 年开始为东印度公司工作，驻扎在马德拉斯。他对植物学的热爱使他成为萨马尔科特植物园的主管（1781–1793），之后担任加尔各答植物园的主管以及东印度公司的首席植物学家（1793–1813）。罗克斯堡雇用了几位画家，不断地为植物绘图，并为这些植物提供了准确的描述。这些绘图被提交给东印度公司，其中一些被收录在罗克斯堡出版的《科罗曼德海岸植物》（*Plants of the Coast of Coromandel*,1795–1819）中。本书中的棕榈植物图像即为 18 世纪 80 年代末和 90 年代初为罗克斯堡制作的原始绘图。

萨哈伦普尔植物园（Saharunpore Garden）

萨哈伦普尔的植物园位于孟加拉西北 1200 多公里处，西瓦利克山脉和喜马拉雅山脉以南。它是仅次于加尔各答植物园的重要植物园。1823 年，约翰·福布斯·罗伊尔（John Forbes Royle，1798–1858）被任命为东印度公司及其在萨哈伦普尔的两家医院的外科医生，并担任公司植物园的主管。该植物园种植的植物主要用于药用目的。罗伊尔雇用采集者从克什米尔和库纳瓦尔寻找植物，并委托当地艺术家绘制这些植物的图画。他于 1831 年离开植物园返回英格兰，但继任的主管们继续为

植物园获得的新物种绘图。自然博物馆萨哈伦普尔植物园收藏中的水彩画是在副外科医生威廉·詹姆森（William Jameson，1815–1883）的监督下于 1850 年代完成的。

约翰·戈特弗里德·西穆拉（Johann Gottfried Simula），活跃于 1720 年代

1720 年，西穆拉为德国北部的德尔纳特伯爵（Count of Dernatt）创作了《异域植物志》（*Flora Exotica*）。这本书装订成一个单卷，包含了 1000 多种当时栽培的花卉的水粉画。像这样的花卉图谱并非科学著作，而是"花园花卉图册"。其中一些植物和昆虫一起，被描绘在风光背景中。书中的植物大多标有名称，为那个时期的主要园艺品种提供了宝贵的记录。

莉莲·斯内林（Lillian Snelling），1879–1972，英格兰肯特

莉莲·斯内林在皇家艺术学院学习平版印刷术。1916 年，她成为皇家植物园爱丁堡分园园长艾萨克·B·贝尔福（Isaac B. Balfour）爵士的植物艺术家，并在那里工作到 1921 年。之后，她搬到伦敦，被任命为皇家植物园邱园的首席艺术家和平版印刷师，为《柯蒂斯植物杂志》（*Curtis's Botanical Magazine*）绘制插图。她在这一职位上工作了大约 30 年。她的水彩画以锐利、优雅和科学准确著称。

詹姆斯·索尔比（James Sowerby），1757–1822，英国伦敦

詹姆斯·索尔比是一位多产的艺术家，为《柯蒂斯植物杂志》（1788–）、《伦敦植物志》（*Flora Londinensis,* 1777–1787）、艾顿（Aiton）的《邱园园艺志》（*Hortus Kewensis,* 1789）以及詹姆斯·爱德华·史密斯（*James Edward Simith*）撰写的《英国植物学》（*English Botany,* 1790–1814）绘制了2500多幅插图。他还创作了自己的作品，包括《英国真菌彩色图谱》（*Coloured Figures of British Fungi,* 1795–1815）中的440幅插图。索尔比在皇家学院学校学习艺术，很快就开始了花卉绘画，但在被柯蒂斯雇用之前，他曾多年依靠教学为生。他是一个庞大的植物艺术家家族中的第一位植物艺术家，也是一位了解很多领域的杰出的博物学家。除了绘画以外，他还熟练掌握了雕刻技能。

杰拉德·凡·斯潘登克（Gerard van Spaendonck），1746–1822，荷兰蒂尔堡

杰拉德·凡·斯潘登克10岁时被送到安特卫普的一家室内装饰公司当学徒，在那里他跟随弗拉芒画家老赫雷因斯（Herreyns the Elder）学习绘画。斯潘登克成了一名成功的画家，并于1770年在巴黎建立了自己的事业。1774年，他被任命为宫廷微型画画家和皇家花园博物馆的花卉教授。作为官方的宫廷花卉画家，他继承了尼古拉·罗伯特（Nicolas Robert）和克劳德·奥布里埃（Claude Aubriet）的职位，后来将这一角色交给了他的学生皮埃尔–约瑟夫·雷杜德（Pierre–Joseph Redouté）。博物馆收藏的绘图是在荷兰纸上完成的，日期为1769年。威尔弗雷德·布伦特（Wilfred Blunt）认为这些绘图是在斯潘顿克离开荷兰前往法国之前或刚到巴黎后不久完成的。

216

拉尔夫·斯坦内特（Ralph Stennett），活跃于1800年代，英格兰巴斯

拉尔夫·斯坦内特是一位自然历史绘图师，1803年在皇家艺术学院展出过作品。他的兴趣不仅限于植物绘图，而是整个博物学领域。

西蒙·泰勒（Simon Taylor），1742–1796

西蒙·泰勒接受过植物艺术家的训练，并在邱园花费了大量时间绘制稀有植物。他为巴特勋爵、波特兰公爵夫人以及约翰·福瑟吉尔（John Fothergill）创作作品，后者雇用了几位艺术家绘制他花园中的植物。泰勒的大部分作品都是在羊皮纸上完成的，他的风格与埃雷特非常相似，尽管他从未完全达到埃雷特作品中那种轻盈的绘画技巧。埃雷特于1770年去世后，约翰·埃利斯（John Ellis）在写给林奈的信中认为泰勒是下一个值得雇用的优秀艺术家，并表示"他做得相当不错"。

伊丽莎白·特温宁（Elizabeth Twining），1805–1889，英格兰伦敦

伊丽莎白·特温宁出生于著名且富有的茶商家族，这使她得以追求对植物学的兴趣和对绘画的热爱。从很小的时候起，她就接受了艺术和绘画教育，并成为一名非常出色的植物画家。到1849年，她已出版了两卷自己的绘画作品《图解植物的自然秩序》（*Illustrations of the Natural Order of Plants*）。特温宁花了大量时间帮助贫困和无依无靠的人们。她翻新了她在特威克纳姆的当地救济院，建立了为穷人提供医疗服务的特温宁医院，并创立了贝德福德女子之家。在从事慈善工作之余，她专心于植物学和绘画，常去皇家植物园邱园寻找艺术创作的素材。

内森尼尔·沃利奇（Nathaniel Wallich），1786–1854，丹麦哥本哈根

内森尼尔·沃利奇是一位医生和植物学家，19世纪初前往印度。他于1817年成为加尔各答植物园的主管，其间几次中断，直到1846年结束。他的植物采集范围非常广泛，包括访问尼泊尔、新加坡、槟城和开普敦，以及遍及整个印度。除了植物，沃利奇还收集了大量由印度艺术家绘制的植物绘画。这些绘画中的许多作品被收录在沃利奇的出版物中，例如《亚洲稀有植物》（*Plantae Asiaticae Rariores*,1829–1832）和《尼泊尔植物图解初探》（*Tentamen Forae Napalensis Illustratae*,1824–1826）。

威廉·杨（Willian Young），1742–1785，德国黑森州卡塞尔

威廉·杨随父母前往美国，1744年抵达费城。到1755年，这家人在离费城约6公里的金赛辛购买了一座农场，他们成为约翰·巴特拉姆（John Bartram）的邻居。巴特拉姆当时已经在斯库尔基尔河岸建造了一个植物园，并与欧洲客户进行种子和植物贸易。受约翰·巴特拉姆成功的种子贸易影响，1761年，威廉·杨决定从事这一行业，成为一名植物采集者和苗圃经营者。他大胆而巧妙地从美国寄出了一包稀有和奇异的种子给年轻、刚结婚且说德语的夏洛特女王。夏洛特对威廉产生了好感，安排人带他到英格兰接受植物学培训。他被任命为女王的植物学家，年薪300英镑。他在96张纸上完成了约300幅图画，这些图画被装订成册并献给国王和王后。威廉·杨继续从事植物和种子的贸易，直到1785年他在马里兰州火药溪寻找植物时不幸溺水身亡。

参考文献

Anderson, E.F. 2001. *The Cactus Family*. Timber Press, Portland, Oregon.

Anderson, E.F., S. Arias Montes & N.P. Taylor. 1994. *Threatened Cacti of Mexico*. Royal Botanic Gardens, Kew, Richmond, Surrey.

Attenborough, D. 1995. *The Private Life of Plants: A Natural History of Plant Behaviour*. BBC Books, London.

Bailey, L.H. 1977. *Manual of Cultivated Plants* (17th printing). Macmillan Publishing Co, New York.

Bartlett, M. 1981. *Gentians* (revised edition). Alphabooks, Sherbourne, Dorset.

Bates, D.M. 1965. Notes on the cultivated Malvaceae 1. *Hibiscus*. *Baileya* 13: 57–96; Notes on the cultivated Malvaceae 1. *Hibiscus* (concluded). *Baileya* 13: 97–130.

Blanchard, J.W. 1990. *Narcissus: A Guide to Wild Daffodils*. Alpine Garden Society, Woking, Surrey.

Bonta, M.M. 1991. *Women in the Field: America's Pioneering Women Naturalists*. Texas A&M Press, College Station.

Bradlow, F.R. (introduction and annotations). 1994. *Francis Masson's Account of Three Journeys at the Cape of Good Hope, 1772–1775*. Tablecloth Press, Cape Town.

Bremer, K. 1994. *Asteraceae: Cladistics and Classification*. Timber Press, Portland, Oregon.

Brown, D. 2000. *Aroids: Plants of the Arum Family* (2nd edition). Timber Press, Portland, Oregon.

Burbidge, F.W. 1875. *The Narcissus: Its History and Culture*. L. Reeve & Co, London.

Callaway, D.J. 1994. *Magnolias*. B.T. Batsford Ltd, London.

Campbell-Culver, M. 2001. *The Origins of Plants; The Plants and People That Have Shaped Britain's Garden History Since the Year 1000*. Headline Book Publishing, London.

Carlquist, S. 1974. *Island Biology*. Columbia University Press, New York/London.

Chapman, G.P. 1996. *The Biology of Grasses*. CAB International, Wallingford.

Chin, H.F. 1986. *The Hibiscus: Queen of Tropical Flowers*. Tropical Press Sdn. Bhd, Kuala Lumpur.

Coats, A.M. 1969. *The Plant Hunters*. McGraw-Hill Book Company, New York/St Louis/London.

Cobb, J.L.S. 2989. *Meconopsis*. Christopher Helm, London, and Timber Press, Portland, Oregon.

Corner, E.J.H. 1966. *The Natural History of Palms*. Weidenfeld & Nicolson, London.

Cowling, R. & D. Richardson. 1995. *Fynbos: South Africa's Unique Floral Kingdom*. Fernwood Press, Cape Town.

Dakin, S.B. 1954. *The Perennial Adventure: A Tribute to Alice Eastwood 1859–1953*. California Academy of Sciences, San Francisco.

Dampier, W. 1998. *A New Voyage Around the World: Adventures of an English Buccaneer* (first published by James Knapton in London, 1697). Hummingbird Press, London.

Dannenfeldt, K.H. 1968. *Leonhard Rauwolf: Sixteenth Century Physician, Botanist and Traveller*. Harvard University Press, Cambridge, Massachusetts.

Darwin, C. 1875. *The Movements and Habits of Climbing Plants*. John Murray, London.

Dash, M. 1999. *Tulipomania*. V. Gollancz, Orion Books, London.

Davidse, G., T.R. Soderstrom & R.P. Ellis. 1986. *Pohlidium petiolatum* (Poaceae: Centotheceae), a new genus and species from Panama. *Systematic Botany* 11: 131–44.

Desmond, A. & J. Moore. 1991. *Darwin*. Michael Joseph, London.

Dillistone, G. (editor and compiler). [1931.] *Dykes on Iris: A Reprint of the Contributions of the Late W.R. Dykes L.-es-L., to Various Journals and Periodicals During the Last 20 Years of His Life*. Published and printed for The Iris Society by C. Baldwin, Grosvenor Printing Works, Tunbridge Wells.

Dorf, P. 1956. *Liberty Hyde Bailey: An Informal Biography*. Cornell University Press, Ithaca.

Farjon, A. & Page, C.N. (compilers). 1999. *Conifers. Status Survey and Conservation Action Plan*. IUCN/SSC Conifer Specialist Group. IUCN Gland Switzerland and Cambridge, UK.

Farrelly, D. 1996. *The Book of Bamboo*. Thames & Hudson, London.

Fearnley-Whittingsall, J. 1999. *Peonies: The Imperial Flower*. Weidenfeld & Nicolson, London.

Fisher, J. 1982. *The Origins of Garden Plants*. Constable, London.

Fisher, J. 1986. *The Companion to Roses*. Viking, Penguin Books Ltd, London.

Fryxell, P.A. 1988. Malvaceae of Mexico. *Systematic Botany Monographs* 25: 1–522.

Fryxell, P.A. 1978. *The Natural History of the Cotton Tribe*. Texas A&M University Press, College Station/London.

George, A.S. 1996. *The Banksia Book* (3rd edition). Kangaroo Press, New South Wales.

Gilbert, L.E. 1982. The coevolution of a butterfly and a vine. *Scientific American* 247: 110–21.

Goethe, J.W. von 1989 (reprint, translated from the German by B. Mueller). *Goethe's Botanical Writings*. Ox Bow Press, Woodbridge, Connecticut.

Grey-Wilson, C. 2000. *Poppies: A Guide to the Poppy Family in the Wild and in Cultivation* (2nd edition). B.T. Batsford Ltd, London.

Hallam, A. 1994. *An Outline of Phanerozoic Biogeography*. Oxford University Press, Oxford (Oxford Biogeography series no. 10).

Hamilton, Jill, Duchess of & J. Bruce. 1998. *The Flower Chain: The Early Discovery of Australian Plants*. Kangaroo Press/Simon & Schuster, New South Wales.

Hanks, G.R. (ed.) 2002. *Narcissus and Daffodil*. Taylor & Francis, London.

Hunt, D. (ed.) 1998. *Magnolias and Their Allies*. International Dendrological Society/The Magnolia Society, Sherbourne.

Jefferson-Brown, M.J. 1951. *The Daffodil*. Faber & Faber Ltd, London.

Jepson, W.L. 1926. *A Manual of the Flowering Plants of California*. University of California Press, Berkeley.

Kingdon Ward, F. 1913. *The Land of the Blue Poppy: Travels of a Naturalist in Eastern Tibet*. Cambridge University Press, Cambridge.

Kingdon Ward, F. 1937. *Plant Hunter's Paradise*. Jonathan Cape, London.

Knapp, S. & J. Mallet. 1984. Two new species of *Passiflora* (Passifloraceae) from Panama, with comments on their natural history. *Annals of the Missouri Botanical Garden* 71: 1068–74.

Knott, R. 2002. *Fibonacci Numbers, the Golden Section the Golden String*. www.mes.surrey.ac.uk/Personal/R.Knott/Fibonacci/fibonat. html

Köhlein, F. 1981. *Iris* (translated from the German by Mollie Comingford Peters). Christopher Helm, London.

Köhlein, F. 1991. *Gentians* (edited by J. Jermyn, translated from the German by D. Winstanley). Christopher Helm/A. & C. Black, London, and Timber Press, Portland, Oregon.

Lawson, G. 1851. *The Royal Water-lily of South America and the Water-lilies of Our Own Land: Their History and Cultivation*. James Hogg, Edinburgh.

Leese, O. & M. Leese. 1959. *Desert Plants – Cacti and Succulents in the Wild and in Cultivation*. W.H. & L. Collingridge Ltd, London, and Transatlantic Arts Inc, Florida.

Lewington, A. 1990. *Plants for People*. The Natural History Museum, London.

McClure, F.A. 1966. *The Bamboos: A Fresh Perspective*. Harvard University Press, Cambridge, Massachusetts.

Mabey, R. 1990. *Flora Britannica*. Sinclair-Stevenson, London.

Manniche, L. 1989. *An Ancient Eygptian Herbal*. University of Texas Press, Austin.

Mathew, B. 1981. *The Iris*. B.T. Batsford Ltd, London.

Maunder, M., M.M. Bruegmann & V. Caraway. 2002. A future for the Hawaiian flora? *Plant Talk* 28: 19–23.

Mauremootoo, J. & R. Payendee. 2002. Against the odds: restoring the endemic flora of Rodrigues. *Plant Talk* 28: 26–8.

Merlin, M.D. 1984. *On the Trail of the Ancient Opium Poppy*. Fairleigh University Press, London/Toronto.

Mirov, N.T. & J. Hasbrouk. 1976. *The Story of Pines*. Indiana University Press, Bloomington.

Mitchell, A.L. & S. House. 1999. *David Douglas: Explorer and Botanist*. Aurum Press, London.

Moggach, D. 2000. *Tulip Fever*. Vintage, London.

Musgrave, T., C. Gardner & W. Musgrave. 1998. *The Plant Hunters: Two Hundred Years of Adventure and Discovery Around the World*. Seven Dials/Cassell & Co, London.

Needham, J. 1986. *Science and Civilisation in China* vol. 6. *Biology and Biological Technology, Part 1. Botany*. Cambridge University Press, Cambridge.

Niklas, K.J. 1994. *Plant Biomechanics: An Engineering Approach to Plant Form and Function*. University of Chicago Press, Chicago/London.

Oliver, I. & T. Oliver. *A Field Guide to the Ericas of the Cape Peninsula*. Protea Atlas Project, National Botanical Institute, Sharenet, Cape Town.

Paterson-Jones, C. 2000. *The Protea Family in Southern Africa*. Struik Publishers (Pty) Ltd, Cape Town.

Pavord, A. 1999. *The Tulip*. Bloomsbury, London.

Peterson, R. 1980. *The Pine Tree Book: Based on the Arthur Ross Pinetum in Central Park*. The Brandywine Press, Inc, New York.

Phillips, R. & M. Rix. 1993. *The Quest for the Rose*. BBC Books, London.

Principes–the journal of the International Palm Society (today called *Palms*); in particular the H.E. Moore, Jr Memorial Volume, vol. 26 (1982).

Putz, F.E. & H.A. Mooney (eds) 1991. *The Biology of Vines*. Cambridge University Press, Cambridge.

Rebelo, T. 2000. *A Field Guide to the Proteas of the Cape Peninsula*. National Botanical Institute, Protea Atlas Project, Sharenet, Cape Town.

Recht, C. & Wetterwald, M.F. 1992. *Bamboos* (translated from the German). B.T. Batsford Ltd. London.

Rose, G. & P. King. 1990. *The Love of Roses: From Myth to Modern Culture*. Quiller Press, London.

Rowley, G.D. 1997. *The History of Succulent Plants*. Strawberry Press, Mill Valley, California.

Schultes, R.E. & A. Hofmann. 1980. *The Botany and Chemistry of Hallucinogens*. Charles C. Thomas, Springfield, Illinois.

Sitwell, S. 1939. *Old Fashioned Flowers*. Country Life Ltd, London.

Soderstrom, T.R., K.W. Hilu, C.S. Campbell & M.E. Barkworth (eds.) 1987. *Grass Systematics and Evolution*. Smithsonian Institution Press, Washington, DC.

Stuart, D. 2002. *The Plants That Shaped Our Gardens*. Frances Lincoln, London.

Swindells, P. 1983. *Waterlilies*. Croom Helm, London/Canberra, and Timber Press, Portland, Oregon.

Tooley, M. & P. Armander (eds) 1995. *Gertrude Jekyll: Essays on the Life of a Working Gardener*. Michaelmas Books, Witton-le-Wear, County Durham.

Treseder, N.G. 1978. *Magnolias*. Faber & Faber Ltd, London. Uhl, N.W. & J. Dransfield. 1987. *Genera Palmarum: A Classification of Palms Based on the Work of Harold E. Moore, Jr.* The L.H. Bailey Hortorium/The International Palm Society, Allen Press, Lawrence.

Underhill, T.L. 1971. *Heaths and Heathers:* Calluna, Daboecia and Erica. David & Charles, Newton Abbot.

Valder, P. 1999. *The Garden Plants of China*. Weidenfeld & Nicolson, London.

Vanderplank, J. 1996. *Passion Flowers* (2nd edition). Cassell Publishers Ltd, London.

Wang Lianying *et al*. (The Peony Association of China). 1998. *Chinese Tree Peony* (translated from the Chinese by Wu Jiang Mei). China Forestry Publishing House, Beijing.

Wilson, F.D. & M.Y. Menzel. 1964. Kenaf (*Hibiscus cannabinus*) and roselle (*Hibiscus sabdariffa*). *Economic Botany* 18: 80–91.

索 引*

---

* 索引中的页码为英文原书页码，即本书页边码，斜体页码为插图图注所在页。

图片信息

南星

第 19 页
彩叶芋
Caladium bicolor (Aiton) Vent.（天南星科）
弗雷德里克·波利多尔·诺德
1777 年，纸上水彩与水粉，533mm x 373mm

第 21 页
犁头尖，土半夏，半夏（日本）
Typhonium blumei Nicolson & Sivadasan（天南星科）
格奥尔格·狄奥尼修斯·埃雷特，埃雷特手稿集
约 1760 年代，纸上水彩，307mm × 202mm

第 22 页
巫毒百合，斑龙芋
Typhonium venosum (Dryand. ex Aiton) Hett. & P.
Boyce（天南星科）
佚名，弗莱明收藏
约 1795–1805 年，纸上水彩，470mm x 288mm

第 23 页
三叶天南星
Arisaema triphylla (L.) Torr.（天南星科）
彼得·布朗
约 1760 年代，犊皮纸水彩与水粉，294mm x 224mm

第 27 页
珠芽魔芋
Amorphophallus bulbifer (Roxb.) Blume（天南星科）
佚名，弗莱明收藏
约 1795–1805 年，纸上水彩与水粉，456mm x 283mm

第 29 页
波伊（Poi），芋
Colocasia esculenta (L.) Schott（天南星科）
格奥尔格·狄奥尼修斯·埃雷特
约 1740 年代，纸上水彩与水粉，519mm x 360mm

第 30 页
黛粉芋
Dieffenbachia seguine (Jacq.) Schott（天南星科）
拉尔夫·斯坦内特
1807 年，纸上水粉、水彩与阿拉伯胶，550mm x
440mm

帝王花和佛塔树

第 33 页
红花佛塔树
Banksia coccinea R.Br.（山龙眼科）
费迪南德·鲍尔
约 1803–1814 年，纸上水彩，526mm x 356mm

第 35 页
帝王花
Protea cynaroides (L.) L.（山龙眼科）
弗朗茨·鲍尔，邱园植物收藏
约 1800 年，纸上水彩，522mm x 369mm

第 36 页
伯切尔帝王花
Protea burchellii Stapf.（山龙眼科）
弗朗茨·鲍尔，邱园植物收藏
约 1800 年，纸上水彩，509mm x 344mm

第 38 页
光亮帝王花（货车树）
Protea nitida Miller（山龙眼科）
弗朗茨·鲍尔，邱园植物收藏
约 1800 年，纸上水彩，511mm x 360mm

第 40 页
美丽佛塔树
Banksia speciosa R.Br.（山龙眼科）
费迪南德·鲍尔
约 1803–1814 年，纸上水彩，523mm x 356mm

第 43 页
石南叶佛塔树
Banksia ericifolia L.f.（山龙眼科）
约翰·弗雷德里克·米勒，库克收藏
1773 年，纸上水彩与墨水，535mm x 350mm

第 44 页
冬青叶佛塔树
Banksia ilicifolia R.Br.（山龙眼科）
费迪南德·鲍尔
约 1803–1814 年，纸上水彩，525mm x 355mm

牡丹和芍药

第 47 页
药用芍药

Paeonia officinalis L.（芍药科）
克拉拉·波普
1821 年，纸上水彩、水粉与阿拉伯胶，装订成册，
727mm x 516mm

第 48 页
药用芍药
Paeonia officinalis L.（芍药科）
格奥尔格·狄奥尼修斯·埃雷特
约 1750 年代，纸上水彩、水粉与阿拉伯胶，442mm x 290mm

第 49 页
药用芍药
Paeonia officinalis L.（芍药科）
G. 范考恩霍文，荷兰植物绘画收藏集
约 19 世纪，纸上水彩与水粉，408mm x 232mm

第 52 页
细叶芍药
Paeonia tenuifolia L.（芍药科）
克拉拉·波普
1822 年，纸上水彩、水粉与阿拉伯胶，装订成册，
727mm x 516mm

第 55 页
紫斑牡丹（洛克牡丹）
Paeonia rockii (S.G. Haw & Lauener) T. Hong & J.J. Li
　（芍药科）
克拉拉·波普
1822 年，纸上水彩、水粉与阿拉伯胶，装订成册，
727mm x 516mm

第 56 页
牡丹
Paeonia × *suffruticosa* Andrews（芍药科）
佚名，里夫斯收藏
约 1820 年代，纸上水彩与水粉，462mm x 370mm

第 58 页
牡丹

Paeonia × suffruticosa Andrews（芍药科）
弗朗茨·鲍尔
约 1800 年，纸上水彩，512mm x 360mm

睡莲

第 61 页
马拉巴尔睡莲（齿叶睡莲）
Nymphaea lotus L.（睡莲科）
T. 雷歇尔
1789 年，纸上水彩，524mm x 353mm

第 62 页
荷花（莲）
Nelumbo nucifera Gaertn.（莲科）
佚名，里夫斯收藏
约 1820 年代，纸上水彩与水粉，485mm x 375mm

第 65 页 [左]
大白睡莲
Nymphaea ampla (Salisb.) DC.（睡莲科）
拉尔夫·斯坦内特
约 1806 年，纸上水彩、水粉与阿拉伯胶，505mm x 358mm

第 65 页 [右]
肋果萍蓬草
Nuphar advena (Aiton) W.T. Aiton（睡莲科）
约翰·林德利
约 1819 年，纸上水彩、水粉与阿拉伯胶，505mm x 358mm

第 67 页
延药睡莲
Nymphaea stellata Willd.（睡莲科）
悉尼·帕金森
1767 年，犊皮纸上水彩与水粉，369mm x 284mm

第 68 页
南非睡莲
Nymphaea capensis Thunb.（睡莲科）
佚名
约 19 世纪初，纸上水彩，180mm x 318mm

第 70 页
印度红睡莲
Nymphaea rubra Roxb.（睡莲科）
佚名，弗莱明收藏
约 1790 年代，纸上水彩，470mm x 301mm

禾草和莎草

第 73 页
多个属种（禾本科）
伊丽莎白·特温宁
约 1849–1855 年，纸上水彩，装订成册，400mm x 260mm

第 75 页 [左]
水稻
Oryza sativa L.（禾本科）
佚名，弗莱明收藏
约 1795–1805 年，纸上水彩，627mm x 382mm

第 75 页 [右]
莎草属
Cyperus sp.（莎草科）
佚名，弗莱明收藏
约 1795–1805 年，纸上水彩，468mm x 286mm

第 77 页
大梨竹
Melocanna baccifera (Roxb.) Kurz（禾本科）
佚名，弗莱明收藏
1800 年，纸上水彩与墨水，444mm x 296mm

第 79 页
菰白[①]和竹（物种不明）
左：*Cymbopogon citratus* (L.) Rendle [②]（禾本科）
右：物种不明的竹（禾本科）
佚名，里夫斯收藏
约 1820 年代，纸上水彩，368mm x 412mm

第 81 页 [左]
甘蔗
Saccharum officinarum L.（禾本科）
佚名，弗莱明收藏
约 1795–1805 年，纸上水彩与墨水，463mm x 283mm

第 81 页 [右]
卡鲁满穗鼠尾粟
Sporobolus coromandelianus (Retz) Kunth（禾本科）
佚名，弗莱明收藏
约 1795–1805 年，纸上水彩与墨水，220mm x 168mm

水仙

第 83 页
水仙属多种
Narcissus（石蒜科）
约翰·戈特弗里德·西穆拉
1720 年，纸上水粉，455mm x 285mm

第 86 页 [左]
欧洲水仙
Narcissus tazetta L.（石蒜科）
杰拉德·范·斯潘登克
约 1800 年代，纸上水彩，装订成册，456mm x 290mm

第 86 页 [右]
天使的眼泪（三蕊水仙）
Narcissus triandrus L.（石蒜科）

詹姆斯·博尔顿
约 1786 年，纸上墨水与淡彩，装订成册，470mm x 295mm

第 87 页
芳香水仙
Narcissus x *odorus* L.（石蒜科）
弗朗茨·鲍尔
约 1800 年，纸上水彩，526mm x 357mm

第 89 页
芳香水仙
Narcissus x *odorus* L.（石蒜科）
佚名，萨哈伦普尔植物园收藏
约 1750 年代，纸上水彩，383mm x 228mm

第 91 页
黄水仙
Narcissus pseudonarcissus L.（石蒜科）
格奥尔格·狄奥尼修斯·埃雷特
1765 年，纸上水彩，323mm x 200mm

第 93 页
黄水仙
Narcissus pseudonarcissus L.（石蒜科）
亚瑟·哈里·丘奇
1903 年，布里斯托纸板上水彩与水粉，317mm x 194mm

仙人掌和多肉植物

第 95 页
蓝色仙人柱（夜女王）
Cereus hexagonus (L.) Miller（仙人掌科）
佚名
约 18 世纪中后期，纸上水彩与水粉，500mm x 349mm

---

① 原文为香茅。
② 实际上是 *Zizania latifolia* (Griseb.) Hance ex F.Muell。

第 97 页
大戟属多种
Euphorbia（大戟科）
佚名，里夫斯收藏
约 1820 年代，纸上水彩与水粉，300mm x 126mm

第 99 页
夜花仙人柱（午夜女士）
苹果柱属
Harrisia（仙人掌科）
佚名
约 18 世纪，纸上水彩与水粉，435mm x 285mm

第 101 页
钩刺蛇鞭柱
Selenicereus hamatus (Scheidw.) Britton & Rose（仙人掌科）
沃尔特·胡德·费奇
约 19 世纪中期，纸上水彩与阿拉伯胶，550mm x 368mm

第 103 页
毛犀角
Stapelia hirsuta Masson（夹竹桃科）
拉尔夫·斯坦内特
1806 年，纸上水彩与水粉，535mm x 428mm

第 105 页
梨果仙人掌
Opuntia ficus-indica (L.) Miller（仙人掌科）
T. 雷歇尔
1787 年，纸上水彩，224mm x 225mm

第 106 页
三角量天尺
Hylocereus triangularis (L.) Britton & Rose（仙人掌科）

佚名，里夫斯收藏
约 1820 年代，纸上水彩，197mm x 125mm

木兰

第 109 页
荷花木兰
Magnolia grandiflora L.（木兰科）
格奥尔格·狄奥尼修斯·埃雷特
1744 年，犊皮纸上水彩与水粉，469mm x 354mm

第 111 页
荷花木兰
Magnolia grandiflora L.（木兰科）
格奥尔格·狄奥尼修斯·埃雷特
约 1740 年代，纸上水彩、水粉与石墨，547mm x 404mm

第 112 页
荷花木兰
Magnolia grandiflora L.（木兰科）
格奥尔格·狄奥尼修斯·埃雷特，埃雷特手稿集
约 1740 年代，纸上水彩、水粉与石墨，277mm x 428mm

第 113 页
弗吉尼亚木兰
Magnolia virginiana L.（木兰科）
彼得·布朗
约 1760 年代，犊皮纸上水彩与水粉，321mm x 239mm

第 114 页
毛叶天女花[①]
Magnolia globosa Hook. f. & Thomson[②]（木兰科）
佚名，里夫斯收藏
约 1820 年代，纸上水彩与水粉，481mm x 380mm

---

① 应为夜香木兰。

② 应为 *Lirianthe coco* (Lour.) N.H. Xia & C.Y. Wu。

第 116 页
辛夷
Magnolia liliiflora Desr.（木兰科）
佚名，里夫斯收藏
约 1820 年代，纸上水彩，380mm x 286mm

第 118 页
二乔玉兰
Magnolia x soulangeana Soul.-Bod.
奥尔加·马克鲁申科
1999 年，卡纸上混合媒介，348mm x 249mm

木槿

第 121 页
朱槿（中国玫瑰）
Hibiscus rosa-sinensis L.（锦葵科）
佚名，IDM 收藏
约 19 世纪初，纸上水彩与水粉，416mm x 298mm

第 123 页 [左]
大麻槿
Hibiscus cannabinus L.（锦葵科）
佚名，弗莱明收藏
约 1795–1805 年，纸上水彩与水粉，457mm x 312mm

第 123 页 [右]
咖啡黄葵（女士的手指）
Abelmoschus esculentus (L.) Moench（锦葵科）
格奥尔格·狄奥尼修斯·埃雷特
约 1740 年代，纸上水彩与石墨，437mm x 274mm

第 127 页
木芙蓉
Hibiscus mutabilis L.（锦葵科）
佚名，IDM 收藏
约 19 世纪初，纸上水彩与石墨，460mm x 380mm

第 128 页
（可能是）木槿

Hibiscus cf. *syriacus* L.（锦葵科）
佚名，萨哈伦普尔植物园收藏
1847 年，纸上水彩、水粉与墨水，487mm x 380mm

第 130 页
黄槿
Hibiscus tiliaceus L.（锦葵科）
佚名，里夫斯收藏
约 1820 年代，纸上水彩与水粉，252mm x 200mm

玫瑰

第 133 页
中国月季"醉杨妃"
Rosa cf. *chinensis* L.（蔷薇科）
佚名，里夫斯收藏
约 1820 年代，纸上水彩与水粉，439mm x 378mm

第 136 页 [左]
（可能是）百叶蔷薇
Rosa cf. *centifolia* L.（蔷薇科）
格奥尔格·狄奥尼修斯·埃雷特
约 1750 年代，纸上石墨与水彩，199mm x 161mm

第 136 页 [右]
苔藓玫瑰
Rosa centifolia L.（蔷薇科）
格奥尔格·狄奥尼修斯·埃雷特
约 1750 年代，纸上石墨与水彩，220mm x 180mm

第 141 页 [左]
药剂师的玫瑰（高卢蔷薇）
Rosa gallica L.（蔷薇科）
玛格丽特·米恩
约 18 世纪末，卡纸上水彩与水粉，457mm x 324mm

第 141 页 [右]
硕苞蔷薇
Rosa bracteata J.C. Wendl.（蔷薇科）
拉尔夫·斯坦内特

1807 年，纸上水彩、水粉与阿拉伯胶，545mm x
406mm

第 142 页
茶香月季
Rosa（可能为 gigantea x rugosa）[①]（蔷薇科）
佚名，里夫斯收藏
约 1820 年代，纸上水彩与水粉，453mm x 345mm

第 144 页
野蔷薇
Rosa multiflora Thunb.（蔷薇科）
弗朗茨 · 鲍尔
约 1800 年，纸上水彩，506mm x 340mm

棕榈

第 147 页
酒椰（糖棕，巴尔米拉棕）
Borassus flabellifer L.（棕榈科）
佚名，弗莱明收藏
约 1795–1805 年，纸上水彩，467mm x 326mm

第 148 页 [左]
矮蒲葵
Livistona humilis R. Br.（棕榈科）
费迪南德 · 鲍尔
约 1803–1814 年，纸上水彩，527mm x 356mm

第 148 页 [右]
矮蒲葵
Livistona humilis R. Br.（棕榈科）
费迪南德 · 鲍尔
约 1803–1814 年，纸上水彩，524mm x 357mm

第 151 页
菜棕

Sabal palmetto (Walter) Lodd. ex Schult. & Schult. f.（棕
榈科）
威廉 · 杨
1767 年，纸上水彩，378mm x 234mm

第 154 页
椰子
Cocos nucifera L.（棕榈科）
佚名，里夫斯收藏
约 1820 年代，纸上水彩与水粉，396mm x 493mm

第 156 页
螺旋松（露兜树属）
Pandanus（露兜树科）
佚名，弗莱明收藏
约 1795–1805 年，纸上水彩与墨水，462mm x
287mm

第 157 页
贝叶棕
Corypha umbraculifera L.（棕榈科）
佚名，罗克斯伯格收藏
约 1791–1794 年，纸上水彩，480mm x 345mm

雏菊和向日葵

第 159 页
菊花
Chrysanthemum x morifolium Ramat.（菊科）
佚名，里夫斯收藏
约 1820 年代，纸上水彩与水粉，470mm x 375mm

第 161 页 [左]
毛七年菊（好望角之雪）
Syncarpha vestita (L.) B. Nord.（菊科）
拉尔夫 · 斯坦内特
1807 年，纸上水彩与水粉，527mm x 424mm

[①]　实为百叶蔷薇 *Rosa centifolia* L. 的品种。

第 161 页 [右]

麦菊木（南非永生花）

Phaenocoma prolifera (L.) D. Don（菊科）

拉尔夫·斯坦内特

约 19 世纪初，纸上水彩，539mm x 435mm

第 162 页

黄花刺冠菊

Calotis lappulacea Benth.（菊科）

弗雷德里克·波利多·诺德，库克收藏

1780 年，纸上水彩与墨水，540mm x 360mm

第 165 页

菊花

Chrysanthemum x *morifolium* Ramat.（菊科）

佚名，里夫斯收藏

约 1820 年代，纸上水彩与水粉，441mm x 375mm

第 169 页 [左]

辐枝菊

Anacyclus valentina L. [①]（菊科）

西蒙·泰勒

约 18 世纪中期，犊皮纸上水彩与水粉，495mm x 326mm

第 169 页 [右]

毛叶向日葵

Helianthus mollis Lam.（菊科）

弗雷德里克·波利多·诺德

1776 年，纸上水粉，525mm x 365mm

西番莲

第 171 页

深红西番莲

Passiflora kermesina Link & Otto（西番莲科）

佚名，萨哈伦普尔植物园收藏

约 1850 年，纸上水彩，463mm x 304mm

第 174 页

双花西番莲

Passiflora biflora Lam.（西番莲科）

格奥尔格·狄奥尼修斯·埃雷特，埃雷特手稿集

约 1760 年代，纸上水彩、水粉与石墨，436mm x 273mm

第 176 页

大果西番莲

Passiflora quadrangularis L.（西番莲科）

詹姆斯·索尔比

约 19 世纪，纸上手工上色版画，560mm x 393mm

第 178 页

西番莲属

Passiflora（西番莲科）

多纳托·拉肖蒂

1609 年，纸上版画与水粉，383mm x 260mm

第 179 页

百香果

Passiflora edulis L.（西番莲科）

雅各布斯·范·惠松

约 1730 年代，纸上水彩、水粉与阿拉伯胶，装订成册，525mm x 365mm

第 180 页

樟叶西番莲

Passiflora laurifolia L.（西番莲科）

悉尼·帕金森

1767 年，犊皮纸上水彩，448mm x 326mm

第 181 页

肉色西番莲

Passiflora incarnata L.（西番莲科）

约翰·米勒

约 1770 年代，纸上水彩与石墨，381mm x 247mm

---

① 原文是 *Anacyclus valentina*，是同属的杂交种瓦伦西亚辐枝菊（*Anacyclus* × *valentinus*）的错误拼写。

针叶树

第 185 页
松树
Pinus gerardiana Wall. ex D. Don in Lambert（松科）
佚名，萨哈伦普尔植物园收藏
约 1850 年代，纸上水彩，383mm x 239mm

第 187 页
北美落叶松和新疆落叶松
　右：北美落叶松，*Larix laricina* (Du Roi) K. Koch
　左：新疆落叶松，*Larix sibirica* Ledeb.（松科）
格奥尔格·狄奥尼修斯·埃雷特
1763 年，纸上水彩，321mm x 200mm

第 188 页
侧柏
Platycladus orientalis (L.) Franco（柏科）
格奥尔格·狄奥尼修斯·埃雷特
1740 年，纸上水彩与石墨，427mm x 265mm

第 190 页
欧洲刺柏（杜松）
Juniperus communis L.（柏科）
弗朗茨·鲍尔
1804 年，纸上水彩，364mm x 260mm

第 193 页
喜马拉雅冷杉（西藏冷杉）
Abies spectabilis (D. Don) Spach（松科）
佚名，萨哈伦普尔植物园收藏
约 1850 年代，纸上水彩与水粉，460mm x 333mm

第 194 页
黎巴嫩雪松
Cedrus libani A. Rich.（松科）
格奥尔格·狄奥尼修斯·埃雷特
1744 年，犊皮纸上水彩与水粉，490mm x 340mm

第 195 页
白云杉
Picea glauca (Moench) Voss.（松科）
格奥尔格·狄奥尼修斯·埃雷特，埃雷特手稿集
约 1740 年代，纸上水彩，装订成册，524mm x 350mm

罂粟

第 197 页
人红罂粟
Papaver bracteatum Lindl.（罂粟科）
约翰·林德利
约 1819–1820 年，纸上水彩、水粉与阿拉伯胶，482mm
x 334mm

第 199 页
虞美人
Papaver rhoeas L.（罂粟科）
约翰·戈特弗里德·西穆拉
1720 年，纸上水粉，455mm x 285mm

第 200 页
鸦片罂粟
罂粟
Papaver somniferum L.（罂粟科）
佚名，荷兰植物绘画收藏集
约 18 世纪，纸上水彩与水粉，425mm x 276mm

第 201 页
黄花海罂粟
Glaucium flavum Crantz（罂粟科）
格奥尔格·狄奥尼修斯·埃雷特
约 1840 年代，犊皮纸上水彩与水粉，365mm x 222mm

第 203 页
蓟罂粟
Argemone mexicana L.（罂粟科）
佚名，里夫斯收藏
约 1820 年代，纸上水彩与水粉，370mm x 229mm

第 205 页
罂粟①
Papaver somniferum L.（罂粟科）
佚名，里夫斯收藏
约 1820 年代，纸上水彩与水粉，450mm x 359mm

第 207 页
尼泊尔绿绒蒿或瓦氏绿绒蒿
Meconopsis napaulensis DC.（或 *Meconopsis wallichii*
Hook.）（罂粟科）
佚名
约 20 世纪，卡纸上水彩，284mm x 192mm

石南

第 211 页
茶叶欧石南
Erica phylicifolia Salisb.（杜鹃花科）
弗朗茨·鲍尔
约 1790 年代，纸上水彩，524mm x 354mm

第 212 页
拟昙石南
Sprengelia sprengelioides (R. Br.) Druce（澳石南科）
费迪南德·鲍尔
约 1803–1814 年，纸上水彩，524mm x 355mm

第 214 页
大宝石南（圣达博格石南）
Daboecia cantabrica (Huds.) K. Koch（杜鹃花科）
格奥尔格·狄奥尼修斯·埃雷特
1766 年，纸上水彩与铅笔，317mm x 205mm

第 215 页
绯红欧石南
Erica coccinea P.J. Bergius（杜鹃花科）
弗朗茨·鲍尔
1790 年，纸上水彩，524mm x 355mm

---
① 看图应是虞美人。

第 219 页 [左]
天蓝八宝石南（蓝狐尾草）
Andersonia caerulea R. Br.（尖苞树科）
费迪南德·鲍尔
约 1803–1814 年，纸上水彩，525mm x 357mm

第 219 页 [右]
胶质欧石南
Erica glutinosa P.J. Bergius（杜鹃花科）
Franz Bauer
1790 年，纸上水彩，522mm x 352mm

第 220 页
长叶欧石南
Erica longifolia Donn.（杜鹃花科）
弗朗茨·鲍尔
约 1790 年代，纸上水彩，522mm x 354mm

鸢尾

第 223 页
英国鸢尾
Iris latifolia Miller（鸢尾科）
亚瑟·哈里·丘奇
1907 年，布里斯托纸板上水粉、水彩与阿拉伯胶，
317mm x 209mm

第 225 页
黑鸢尾
Iris susiana L.（鸢尾科）
格奥尔格·狄奥尼修斯·埃雷特
约 1750 年代，纸上水彩，360mm x 220mm

第 226 页
短旗鸢尾
Iris pumila L.（鸢尾科）
Frank Howard Round
约 1920 年，卡纸上水彩，341mm x 250mm

第 228 页
纹瓣鸢尾
Iris variegata L.（鸢尾科）
弗兰克·霍华德·朗德
1920 年，纸上水彩，483mm x 355mm

第 231 页
日本鸢尾（玉蝉花）
Iris ensata Thunb.（鸢尾科）
詹姆斯·索尔比
约 19 世纪，纸上水彩与水粉，506mm x 347mm

第 233 页 [左]
多种有髯鸢尾：德国鸢尾，香根鸢尾
左和中：*Iris germanica* L.；右：*Iris pallida* L.（鸢尾科）
玛丽亚·西比拉·梅里安，荷兰植物绘画收藏集
17 世纪末，犊皮纸上水粉，336mm x 268mm

第 233 页 [右]
西班牙鸢尾
Iris xiphium L.（鸢尾科）
约翰·戈特弗里德·西穆拉
1720 年，纸上水粉，455mm x 285mm

龙胆

第 235 页
马利筋状龙胆
Gentiana asclepiadea L.（龙胆科）
弗雷德里克·波利多·诺德
约 1770 年代，纸上水粉，522mm x 365mm

第 237 页
秋花假龙胆
Gentianella amarella (L.) Börner（龙胆科）
安德烈亚斯·弗里德里希·哈佩
1785 年，手工上色版画，纸上水彩与水粉，装订成册，
366mm x 232mm

第 238 页
无茎龙胆
Gentiana acaulis L.（龙胆科）
亚瑟·哈里·丘奇
约 20 世纪初，布里斯托纸板上水彩与水粉，316mm x
192mm

第 241 页
春龙胆
Gentiana verna L.（龙胆科）
格奥尔格·狄奥尼修斯·埃雷特，埃雷特手稿集
1766 年，犊皮纸上水彩与水粉，470mm x 333mm

第 242 页
龙胆属某种
Gentiana（龙胆科）
佚名，里夫斯收藏
1822 年，纸上水彩，184mm x 124mm

第 243 页
无茎龙胆
Gentiana acaulis L.（龙胆科）
格奥尔格·狄奥尼修斯·埃雷特，埃雷特手稿集
约 1760 年代，犊皮纸上水彩与水粉，243mm x
203mm

第 244 页
无茎龙胆
Gentiana acaulis L.（龙胆科）
格奥尔格·狄奥尼修斯·埃雷特，埃雷特手稿集
约 1760 年代，纸上水彩，231mm x 151mm

郁金香

第 247 页
（可能是）眼斑郁金香
Tulipa cf. *agenensis*（百合科）
佚名，萨哈伦普尔植物园收藏
1845 年，纸上水彩与水粉，367mm x 232mm

第 249 页
郁金香属栽培品种
Tulipa（百合科）
扬·凡·德文，荷兰植物绘画收藏集
约 17 世纪末 /18 世纪初，纸上水粉与水彩，431mm x 255mm

第 250 页
郁金香属栽培品种
Tulipa（百合科）
扬·凡·德文，荷兰植物绘画收藏集
约 17 世纪末 /18 世纪初，纸上水粉与水彩，431mm x 255mm

第 252 页
郁金香属栽培品种
Tulipa（百合科）
约翰·戈特弗里德·西穆拉
1720 年，纸上水粉，455mm x 285mm

第 253 页
郁金香属栽培品种
Tulipa（百合科）
M.J. 巴比尔斯，荷兰植物绘画收藏集
约 19 世纪，纸上水彩与水粉，243mm x 319mm

第 255 页
郁金香属栽培品种
Tulipa（百合科）
文森特·凡·德文，荷兰植物绘画收藏集
约 17 世纪末 /18 世纪初，纸上水粉与水彩，416mm x 272mm

第 257 页
郁金香（鹦鹉型）
Tulipa × *gesneriana* L.（百合科）
J. 特谢拉，荷兰植物绘画收藏集
1820 年，纸上水粉与水彩，370mm x 266mm

牵牛花

第 259 页
毛子番薯（月光花）

Ipomoea trichosperma Blume（旋花科）
约翰·弗雷德里克·米勒，库克收藏
1773 年，纸上水彩与墨水，535mm x 360mm

第 260 页
牵牛花
左：牵牛；右：（可能是）伞花鱼黄草
左：*Ipomoea nil* (L.) Roth（旋花科）；右：*Merremia* cf.
　　umbellata (L.) H. Hallier（旋花科）
佚名，里夫斯收藏
约 1820 年代，纸上水彩，373mm x 463mm

第 262 页
提琴牵牛
Ipomoea pandurata (L.) G. Mey.（旋花科）
西蒙·泰勒
约 18 世纪中期，犊皮纸上水彩与水粉，460mm x 320mm

第 263 页
七爪龙
Ipomoea mauritiana Jacq.（旋花科）
佚名，里夫斯收藏
约 1820 年代，纸上水彩，374mm x 246mm

第 266 页
牵牛花
Ipomoea nil (L.) Roth（旋花科）
佚名，里夫斯收藏
约 1820 年代，纸上水彩，193mm x 124mm

第 268 页
蕹菜
Ipomoea aquatica Forssk.（旋花科）
佚名，里夫斯收藏
约 1820 年代，纸上水彩与水粉，359mm x 467mm

第 269 页
月光花
Ipomoea alba L.（旋花科）
佚名，里夫斯收藏
约 1820 年代，纸上水彩与水粉，365mm x 465mm

致　谢

这本书的完成离不开许多人的帮助和建议,尤其是我在博物馆的同事们。他们以极大的幽默和宽容,耐心解答了我关于植物和植物探索的无数奇怪问题。特别感谢我的合作者朱迪斯·梅吉(Judith Magee),她曾在博物馆的图书馆和档案馆工作,没有她,我根本无法开始这项工作。她撰写的艺术家传记极大地丰富了我讲述的故事。博物馆摄影部门的帕特·哈特(Pat Hart)巧妙地拍摄了本书使用的图像。我也要感谢我的植物学同事,他们帮助我识别这些图像(这通常不是一件容易的事),特别是密苏里植物园的格里特·戴维德斯(Gerrit Davidse),邱园皇家植物园的西蒙·梅奥(Simon Mayo)和尼克·辛德(Nick Hind),主教博物馆的乔治·斯台普斯(George Staples),以及博物馆的迈克·吉尔伯特(Mike Gilbert)、克里斯·汉弗莱斯(Chris Humphries)、鲍勃·普雷斯(Bob Press)、瓦妮莎·派克(Vanessa Pike)、查理·贾维斯(Charlie Jarvis)、乔安娜·格莱德(Joanna Glyde)、瑞秋·克拉多克(Rachel Craddock)、莎拉·霍伊尔(Sarah Hoyle)、黛比·查普曼(Debbie Chapman)、珍妮·斯图尔特(Jenni Stewart)和克里斯蒂·琼斯(Kristy Jones)——他们阅读了本书的各个部分,提供了宝贵的意见,使得文本得到了极大的改进。所有错误和误解均由我承担。

最重要的感谢献给我的家人:我的公公婆婆菲利普和玛丽·马莱特(Philip and Mary Mallet),我在他们位于肯特的家中写了大部分内容;以及我的丈夫和孩子们——吉姆、阿尔弗雷德、伊莎贝尔和维克托·马莱特（Jim, Alfred, Isabel and Victor Mallet）——他们的生活完全被植物故事占据。

第二版得到了评论家和读者的宝贵建议和改进，特别感谢都柏林格拉斯内文植物园的 E. 查尔斯·尼尔森（E. Charles Nelson）指出了我的错误——非常感谢！

译后记

在遇到《群芳》之前，我一直是不太愿意做翻译的。不能免俗，翻译图书的稿酬太低了，而敬业的译者要付出大量心血。在翻译博物学图书时，敬业的译者疑心病都很重：对于违反直觉或超出自己知识储备的内容，总会刨根问底地查证，追溯到原始出处，确保自己已经弄懂。这样一来，翻译的工作量其实并不比写原创科普作品少，而原创科普写作的稿酬更高。

我周围不少科普作者都有类似的感受，我也非常敬佩在这样的环境下持续产出高质量译著的译者，比如刘夙老师。近些年有一种操作很常见，即找没有专业背景的译者翻译，再延请专业人士审校。编辑们发出审校邀请的时候常说："您要是忙的话，给书里的专业名词把把关就行。"但实际上除了用词的准确性，对科学事实的理解和文字表达也至关重要。

有一次我应邀审校一本引进版图书的植物学章节，其中的问题太多，令我感到震惊乃至愤怒。在这些情绪的支配下我开始修改，而当我清醒过来的时候，几乎把整个章节重新翻译了一遍。完成这个工作并没有让我获得什么成就感。在这之后我只译了一本词典类的工具书，大概也是因为这种书相对"纯粹"，不会让我产生一些不快的联想。

是什么让我改变了想法呢？翻开 *Flora: An Artistic Voyage through the World of Plants* 这本书的时候，我看到了自己做植物学科普的初衷：这些东西太好玩啦，让我来讲给你们听听吧！一位资深植物分类学家，从自己工作的博物馆馆藏艺术品出发，结合科研成果和亲身经历，介绍了二十类植物的发现和驯化历史。这种既专业又有点不务正业的范儿，实在太能引起我的共鸣了。近年来植物题材的引进版科普作品和博物学书籍很多，但大多是图册，而 *Flora* 这个类型的很少。经我的手把这本书分享给中国读者，对我来说是莫大快事，前面那些杂念在这个动机面前都不堪一击。当然，我也有一些私心。因为互联网科普的需求，我长久以来都在做一些高度碎片化的内容，输出很多，积累较少，而且已经快要忘了有深度的长文章该怎么写。翻译这本书，我要做的是比平时查文献更加深入的阅读和转写，这有助于帮我恢复写作的能力和信心，而且比自己从头开始写一本书要快。另外，彼得·雷文为这本书作的序也起到了推波助澜的作用。

翻译的过程整体来说非常愉快，桑德拉·纳普博士的文笔流畅自然，无论是读还是译都有一种欲罢不能的感觉。让我停下来思考，或者"上穷碧落下黄泉，动手动脚找东西"的，主要有两类问题。一类是植物的名称。过去，翻译植物名称是个麻烦事，很多非专业译者不负责任地编造，专业译者也战战兢兢。受惠于多识植物百科团队所做的世界植物中文拟名，现

在大多数拉丁名都能找到对应的中文名了。个别漏网之鱼，我自己拟一个也不会离谱。有人说多识的拟名不尊重园艺界的使用习惯，我认为园艺界起名的水平参差不齐，有些不合适的确实没有必要抱残守缺。比如说 Banksia 属，"佛塔树"和"班克木"都是园艺名，前者固然系根据果序形状造词，后者却也并没有达到致敬约瑟夫·班克斯的目的，如果要致敬的话，应该译为"班克斯木"才对，莫名省了一个辅音，可见"班克木"也不过是生硬音译罢了。本书书名 *Flora* 译为"群芳"，也有向班克斯当年计划出版的《群芳谱》（*Florilegium*）致敬的意思，毕竟班克斯是书中出现频率最高的人。

另一类需要停下来仔细查证的问题是各种历史文化典故，这就不得不提到本书原版的重大缺陷：在涉及东亚，主要是中国和日本的内容中，不乏脱离事实的情况。我在翻译的时候一边订正一边吐槽，都快把译者注写成弹幕了……完稿后我给纳普博士写了邮件，附上了勘误表，她很爽快地答应在未来的英文版（如果还有下一版的话）中订正这些错误。所以我是不是可以大言不惭地说，这本书目前所有版本中，中文版是质量最高的？当然，我的

知识积累有限，对于我所不熟悉的西方历史，虽尽力查证，却也只能保证忠实原文，不添新谬。

　　最后，感谢北京市园林绿化科学研究院教授级高工赵世伟、东北师范大学生命科学学院副教授孙明洲的指点；感谢本书责任编辑杨轩女士对我拖稿和状态飘忽不定的包容；感谢吾友邢立达和王强研究员的牵线，让我有机会翻译这部赏心悦目的作品。

顾有容

2025 年 3 月于北京

图书在版编目（CIP）数据

群芳 : 植物王国的艺术与探险 / （美）桑德拉·纳普 (Sandra Knapp) 著 ; 顾有容译 . -- 北京 : 社会科学文献出版社, 2025. 8. -- ISBN 978-7-5228-5365-9

Ⅰ .Q94-64

中国国家版本馆 CIP 数据核字第 20259QM098 号

群芳：植物王国的艺术与探险

著　　者 /〔美〕桑德拉·纳普（Sandra Knapp）
译　　者 / 顾有容

出 版 人 / 冀祥德
责任编辑 / 杨　轩
责任印制 / 岳　阳

出　　版 / 社会科学文献出版社·教育分社（010）59367069
　　　　　地址：北京市北三环中路甲29号院华龙大厦　邮编：100029
　　　　　网址：www. ssap. com. cn
发　　行 / 社会科学文献出版社（010）59367028
印　　装 / 北京盛通印刷股份有限公司

规　　格 / 开本：787mm×1092mm　1/16
　　　　　印张：20.5　字数：255千字
版　　次 / 2025年8月第1版　2025年8月第1次印刷
书　　号 / ISBN 978-7-5228-5365-9
著作权合同
登 记 号 / 图字01-2023-4435号
定　　价 / 178. 00元

读者服务电话：4008918866